KUMON

はじめる! IchigoJam

監修 IchigoJam 開発者 **福野 泰介**

くもん出版

CONTENTS

この本の使い方 04

監修者のことば 05

---

01 コンピューターってなに？ 06

02 プログラミングってなに？ 08

03 IchigoJamってなに？ 10

04 IchigoJamの準備をしよう 12

05 キーボードを使おう 16

06 プログラミングをはじめる前に 20

07 LEDオン！ LEDオフ！ 22

08 光をあやつろう 28

09 おぼえたり、わすれたり？ 32

10 くり返し光るイルミネーションを作ろう 36

11 LEDで遊ぼう！ 40

12 世界へあいさつしよう 44

13 1・2・3をくり返そう 46

KUMON PROGRAMMING WORK

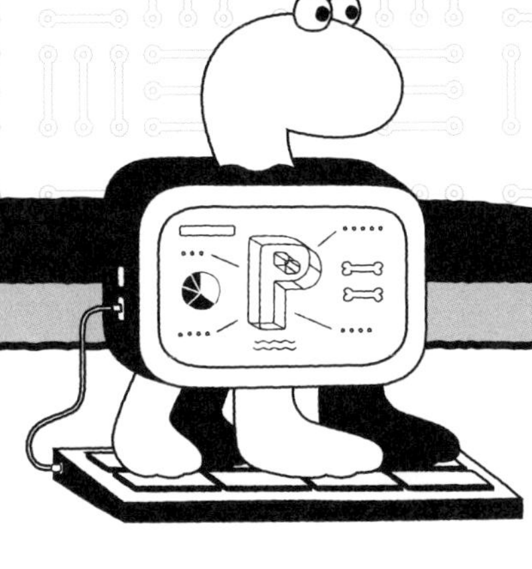

14	おみくじを作ろう	48
15	プログラムを保存(ほぞん)しよう	52
16	改造(かいぞう)して遊ぼう	56
17	ボタンを使ってみよう	58
18	ボタンで高速点滅(こうそくてんめつ)!	62
19	もし○○だったら…?	66
20	ボタンを使って遊んでみよう	70
21	音をあやつろう	72
22	音楽を作ろう	76
23	音で遊ぼう	80
24	反応速度(はんのうそくど)ゲームを作ろう	84

ふりかえり問題 86
答え 90
コマンド一覧(いちらん)・こんなとき、どうする? 94

注意事項

本書に掲載されている情報は、2020年8月現在のものです。ソフトのバージョンアップなどにより、本書の情報と、IchigoJamの実際の表示が異なることがあります。IchigoJam、IchigoDyhookなど、各機器の最新の情報は、各社ホームページをご確認ください。

HOW TO USE

この本の使い方

通常ページ

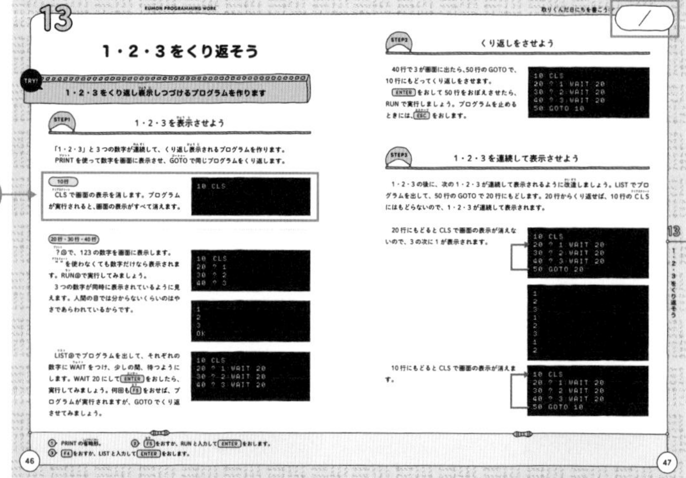

1 説明を読みながら、いっしょにプログラムを作ってみよう

2 取り組んだ日の日にちを書こう

やってみよう！と答えページ

3 問題文を読んで、自分でプログラムを考えて作ってみよう

4 分からなければ、答えを見ながらいっしょにやってみよう

最後はふりかえり問題に挑戦してみよう！

巻末の「コマンド一覧」、「こんなとき、どうする？」（困ったときの対処法）も参考にしてみよう！

監修者のことば

IchigoJamは、トライアル&エラーのサイクルを回せる、最高のものづくり環境

自ら課題を見つけ、知恵と最新のツールを使って、チャレンジをつづける「創造的な人材」の必要性が叫ばれ出したのは90年後半。あれから20年以上がすぎ、小学校でのプログラミングが必修となり、1人1台学習用のパソコンを用意するGIGAスクール構想も実現にむけて進んでいます。新しい時代を生きていく子どもたちに、プログラミングやITの力が必要不可欠であるという認識がやっと浸透してきました。

わたしがプログラミングと出会ったのは、小学3年生の時です。両親がMSXというパソコンを買ってくれました。電源をいれると、「OK」という文字とカーソルが表示されます。説明書を読みながら入力すると、すぐに反応してくれ、かんたんなゲームが動いた感動は今でもわすれられません。もっと作りたい、もっと知りたい。その気持ちが原動力になりました。

ものを作ることの本質は、試行錯誤のくり返しにあります。いきなりうまくいくことなんてありません。だからこそ楽しいのです。プログラミングの楽しさは、トライアル&エラーが学習者とパソコンだけで完結でき、そのサイクルをどんどん回せることにあります。材料を買う必要もありません。足りない道具は自分で作れてしまう最高のものづくり環境に、失敗を恐れない子どものころに出会えたのは幸運でした。34年たった今でも、飽きるどころか、楽しみはふえる一方です。

IchigoJamを通じて子どもたちに知ってほしいのは、自ら学びつづける楽しさです。ゲームの世界で、レベルが上がると新しい魔法を習得できるように、プログラムを作れば作るほどに、実社会で使える技術が身についていきます。コンピューターの世界は進化がはやいですが、基本原理は50年間変わっていません。わたしが作りたかったのは、パソコンがまだ「子ども」だった時代のシンプルな楽しさをもった、深くて広い世界への案内人。それが、こどもパソコンIchigoJamです。本書を通じて、その楽しさにどっぷりつかってみてください。

2020年8月

IchigoJam開発者
福野泰介

01

コンピューターってなに？

TRY!

コンピューターやネットワークとはなにか学びましょう

コンピューターとは、「計算機」という意味です。英語で書くとCOMPUTERです。機械のコンピューターができるまで、コンピューターとは、「計算をする人」という意味でした。

「計算する」という意味のCOMPUTEは、COMとPUTEという2つの部品からできています。COMは「いっしょに」という意味で、考えるという意味のPUTEは「木の枝を切って形を整える」という言葉がもとになっています。枝を切るときには、どのような形にするのか、どれくらいの大きさにするのか、切った後に枝がどのようにのびるのかまで考えて切らないと、すぐに形がくずれてしまいます。それと同じように、コンピューターは、いろいろな条件を満たすように、かんたんな計算を組み合わせて、答えを出しています。

コンピューターはたくさんのパーツによってできていますが、CPU/Central Processing Unit（中央演算処理装置）という脳にあたるパーツがあり、そこで、あたえられた命令にしたがって計算を行います。

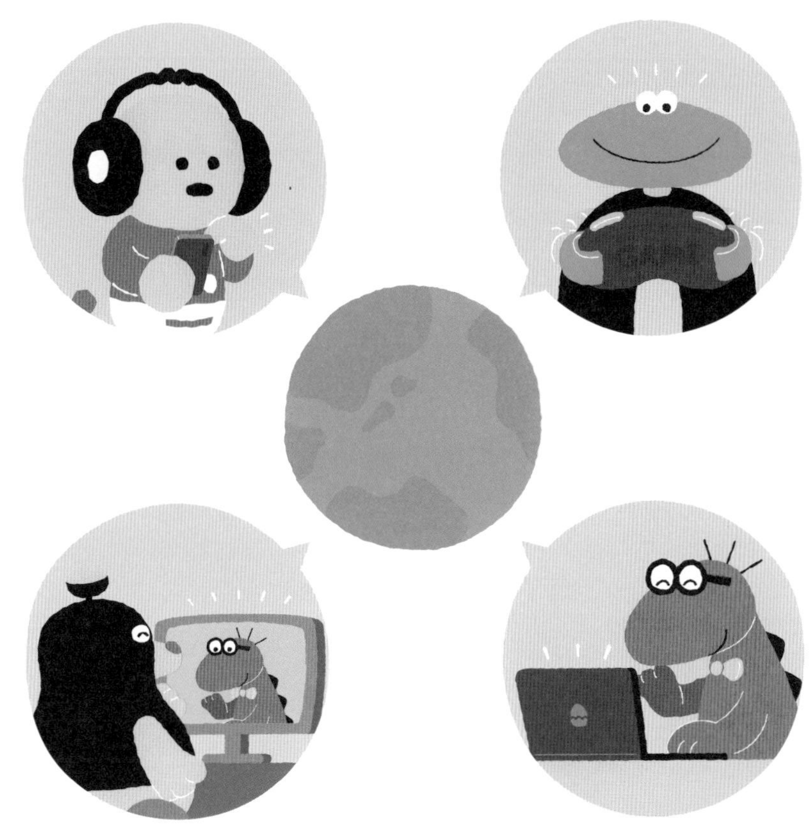

コンピューターは、有線(ゆうせん)や無線(むせん)であみの目のようにつながり、データや情報(じょうほう)のやりとりをしています。この、あみの目のようなつながりをNETWORK(ネットワーク)といいます。NET(ネット)とは英語で「あみ」のことです。

それぞれのネットワークのつながりは世界中に広がっていて、その全体をINTERNET(インターネット)といいます。また、インターネット上でウェブサイトを見られるしくみは、世界に広がるくもの巣(す)ということで、WORLD(ワールド) WIDE(ワイド) WEB(ウェブ)とよばれます。WEBとは英語で「くもの巣」という意味です。

いろいろな大きさのネットワークでデータや情報のやりとりをして、さまざまなしくみを動かすことで、今の社会は動いています。

ひとつひとつのコンピューターが動くのも、世界中に広がるインターネットでデータや情報のやりとりができるのも、プログラムという命令にしたがってコンピューターが計算をしてくれるからなのです。

02

プログラミングってなに？

TRY!

コンピューターに分かる言葉で、仕事のやり方を教えます

コンピューターは、パソコン、スマートフォン、ゲーム機のなかだけではなく、さまざまな機械のなかに入っていて、その機械を動かしています。工場で使われる産業用のロボットや、炊飯器や電子レンジなどの調理器具などにも、コンピューターが入っています。

さらに、これまではインターネットにつながっていなかったものにも、インターネットがつながるようになってきています。たとえば、家のなかの家電とインターネットがつながって、外出先から、電気を消したり、エアコンをつけたりすることができるようになりました。これは、IoT/Internet of Things（もののインターネット）①とよばれています。このように、今では、日常のいたるところにコンピューターがあります。

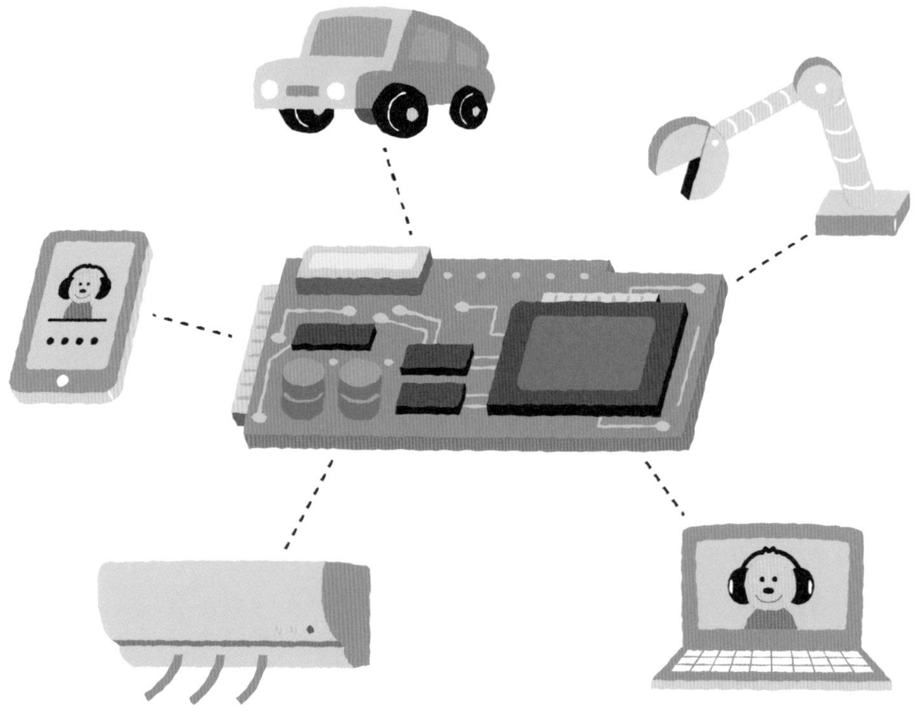

① 外出先から中身を確認できるカメラつきの冷蔵庫なども、IoT（もののインターネット）の1つです。

コンピューターは自分から進んでなにかを考えることはありませんが、あたえられた指示をこなすのは得意です。仕事のしかたを教えてあげれば、コンピューターは教えられたとおりに機械に仕事をさせます。

仕事のしかたを、プログラミング言語というコンピューターに分かる言葉で書いたものをプログラムといいます。プログラムは、コマンドという指示を組み合わせて作ります。そのプログラムを作ることがプログラミングです。

テレビの番組表やイベントの順番などもプログラムといいます。「運動会のプログラム」「コンサートのプログラム」などです。それらは参加者に「なにをするのか？」「どのような順で行われるのか？」をつたえます。コンピューターの世界で、プログラムとは、機械に作業の手順をつたえるものです。

プログラム
つな引きのあとがリレーか・・・

GO GO!

03 IchigoJamってなに？

TRY!

プログラミング用の、小さいけれどりっぱなコンピューター！

IchigoJamは、気軽にプログラミングをはじめるために作られたコンピューターです。ディスプレイとキーボードと電源コードをつないでスイッチをいれると、すぐにプログラミングをはじめることができます。

IchigoJamの脳にあたるマイクロコントローラーの長さは1cmしかありませんが、1秒間に5000万回も計算ができます。

1946年に作られた、重さが27トンもあるコンピューターENIACは1秒間に5000回しか計算ができませんでした。IchigoJamは、小さいけれどりっぱなコンピューターです。

Corbis Historical/Getty Images

1946年、アメリカで開発されたENIACはこんなに大きかった！

IchigoJam

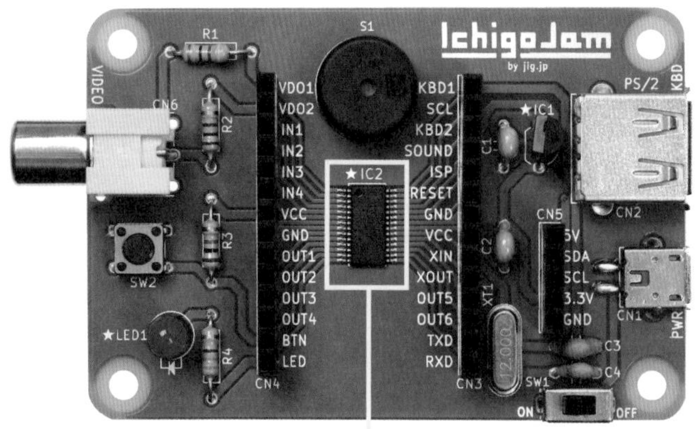

IchigoJamのマイクロコントローラー

IchigoJamのスイッチをいれると、「OK」と出てきます。プログラムをはじめる準備はOKということです。

```
IchigoJam BASIC 1.4.2 jig.jp
OK
■
```

プログラムはプログラミング言語という言葉で作ります。プログラミング言語は、世界中の人が使うので、多くの人に使われている英語がもとになっているものが多くあります。

IchigoJamで使うプログラミング言語は、IchigoJam BASICです。これは、BASICというプログラミング言語に、プログラミングをはじめて学ぶ人でも分かりやすいように、くふうをくわえたものです。BASICも、もともと学習用に開発された言語で、次のような特長があります。

① アルファベットの大文字と小文字の使い分けがいりません。

② プログラムは、上から順に実行されるので、考えやすいです。

③ 英語を使うので、プログラムの意味が分かりやすいです。

④ 基本的な考え方は、現在使われている、ほかのさまざまなプログラミング言語とつながりがあるので、ほかの言語を学習するときにも役に立ちます。

IchigoJamの準備をしよう

TRY!

すきな方法をえらんではじめましょう

それぞれの方法の最新情報については、ホームページを確認してください。

方法1　組み立てから自分でやってみたいなら、IchigoJamを使おう

IchigoJamに、モニター、キーボード、電源をつなぎます。

IchigoJam ホームページ：https://ichigojam.net/

USB TYPE-A（USB & PS/2）キーボードをつなぎます

RCAケーブルでテレビやモニターにつなぎます

MICRO USB TYPE-Bのケーブルで電源につなぎます

うまく動かないときには、電源スイッチを切りかえ、PS/2対応のキーボードか確認しましょう。

すぐにはじめたいなら、IchigoDyhook を使おう

IchigoDyhook に IchigoDake をさして、スイッチをいれるだけではじめられます。

IchigoDyhook ホームページ：https://pcn.club/sp/dyhook/

IchigoDyhook

MICRO USB TYPE-B で
電源につなぐこともできます

IchigoJam BASIC 用

IchigoDake

IchigoDake をさします

乾電池でも動くので、いろいろな場所で使えます。

ほかには…

パソコンに IchigoKamuy をさせば、パソコンで IchigoJam BASIC のプログラミングをすることができます。インターネット接続も必要ありません。くわしくはホームページで確認しましょう。

IchigoKamuy ホームページ：https://www.ichigokamuy.net/

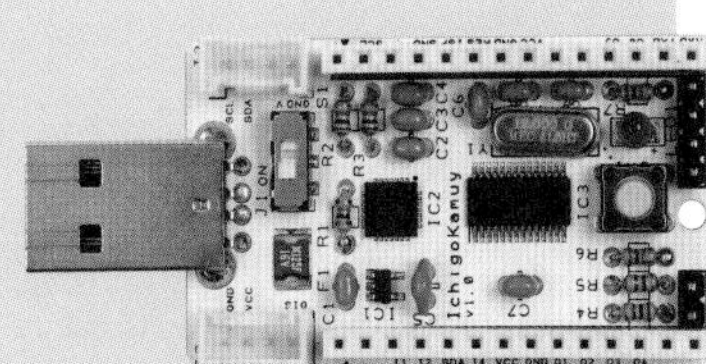

IchigoKamuy

パソコンの
USB にさして
使います

パソコンに、IchigoJam ap をダウンロードしてみよう

Windows と MacOS のパソコンで IchigoJam BASIC のプログラミングができるソフトがあります。ダウンロードするときには、インターネット接続が必要ですが、一度ダウンロードすると、そのあとは、オフライン（インターネットに接続されていない状態）でも使用できます。

一番下の URL からダウンロードができます。「IchigoJam ap」というフォルダを、パソコンのデスクトップにコピーします。Windows のパソコンでは、フォルダの中の「IchigoJam-ap-win」を、MacOS のパソコンでは「IchigoJam-ap-mac」をマウスでダブルクリックして実行してください。

Windows　→　IchigoJam-ap-win をダブルクリック
MacOS　→　IchigoJam-ap-mac をダブルクリック

すぐにプログラミングをはじめることができます。

IchigoJam ap では、LED が光るかわりに、画面に赤いふちどりがあらわれます。

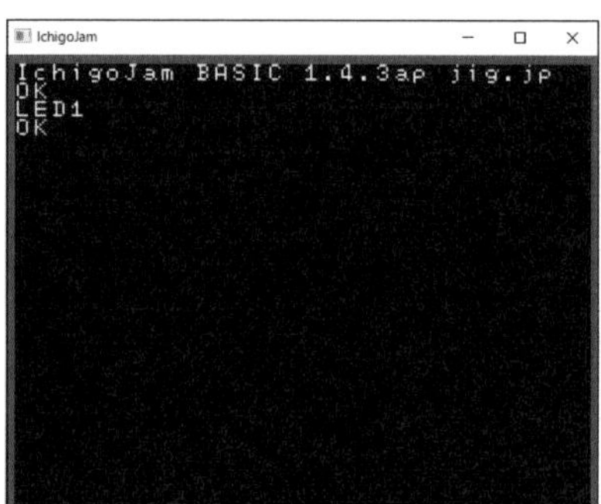

IchigoJam ap は、こちらからダウンロードできます。
https://ichigojam.net/kumon.html

パスワードは **181544686183** です。

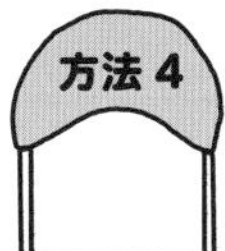

方法 4 インターネットにつなげたパソコンでやるなら、IchigoJam web を使おう

インターネットにつなげたコンピューターでは、インターネットブラウザで IchigoJam web を使うことができます。

IchigoJam web ホームページ：https://fukuno.jig.jp/app/IchigoJam/

IchigoJam web が動くブラウザ

Google Chrome / Apple Safari / Microsoft Edge / Mozilla Firefox

※ Internet Explorer では動きません　※ブラウザのバージョンや状態によっては正しく動かないことがあります

IchigoJam web

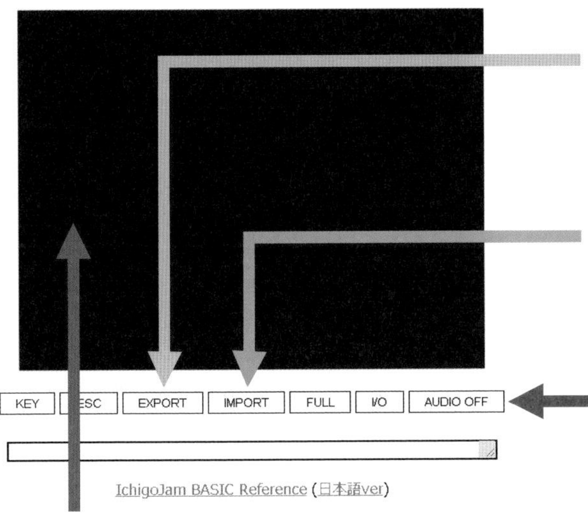

EXPORT ボタンをクリックすると、プログラムが下の窓に表示されます。それをコピーしてほかのソフトにはりつけると、プログラムを保存できます。

下の窓にプログラムをはりつけて IMPORT ボタンをクリックすると、プログラムが読みこまれます。

音を出すプログラムを動かすときに使います。

この画面でプログラミングをします。

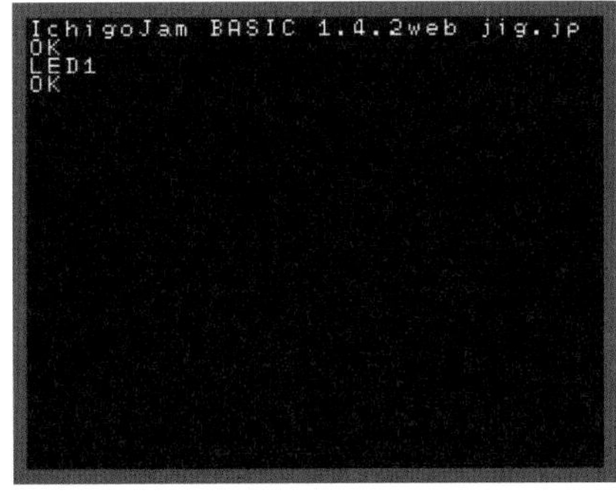

IchigoJam web では、LED が光るかわりに、画面に赤いふちどりがあらわれます。

2020 年 8 月現在の情報です。最新情報はホームページを確認してください。

04 IchigoJam の準備をしよう

キーボードを使おう

TRY!

キーボードを使った文字入力を練習します

キーボードで文字を入力しよう

コンピューターへの命令（めいれい）であるコマンドの文字や記号は、キーボードのキーをおして、いれていきます（これを入力するといいます）。キーボードとは英語（えいご）の KEYBOARD（キーボード）のことで、もとの意味は楽器（がっき）の鍵盤（けんばん）です。楽器を鍵盤であやつるように、コンピューターはキーボードであやつります。

画面で点滅（てんめつ）しているのはカーソル①です。カーソルのあるところから、キーボードで文字や記号を入力することができます。

キーボードからA（エー）という文字を入力してみましょう。同じ文字の形をキーボードからさがしておしてみます。OK（オーケー）の下にAが表示（ひょうじ）されます。

つづけてほかの文字もおしてみましょう。

入力してみよう。 A

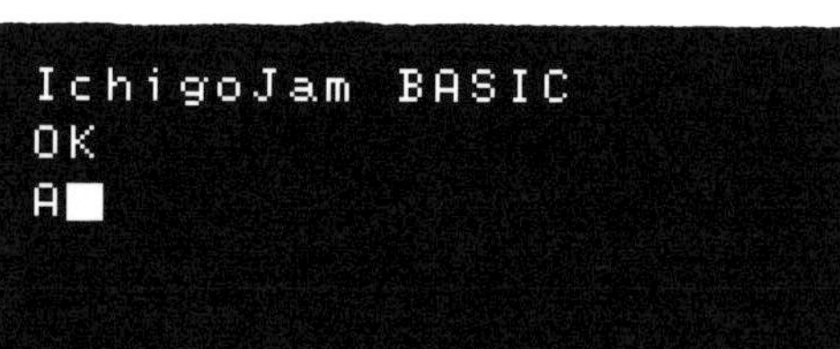

① 実際（じっさい）の画面上では、たて長のカーソルが表示されていることが多いですが、分かりやすいように文字と同じ大きさの正方形にしています。

STEP2 キーの上にある記号を入力してみよう

キーボードには、1つのキーのなかに、上下に2つの文字や記号があるものがあります。右のキーは、1の上に！があります。

上下に2つならんだ文字や記号の、上に書かれたものを入力したいときは、SHIFTをおしながら、キーをおします。

SHIFTをおしながら、1のキーをおしてみましょう。！が画面に表示されます。

[! / 1]　[⇧ SHIFT]

```
IchigoJam BASIC
OK
A!■
```

```
IchigoJam BASIC
OK
A!"()$%*?<>■
```

入力してみよう。

["]　[( ]　[ )]　[$]　[%]　[*]　[?]　[<]　

STEP3 ENTERをおしてみよう

ENTERとは「入る」という意味の英語です。ENTERをおすとプログラムがコンピューターに入っていきます。

記号のキーをおしたあとに、ENTERをおしてみましょう。Syntax errorという表示が画面に出ました。これは「このプログラムにはエラー（まちがい）がある」という意味です。

```
IchigoJam BASIC
OK
A!"()$%*?<>
Syntax error
■
```

IchigoJamは100種類のコマンドをおぼえています。100のコマンドを組み合わせてプログラムを作るのですが、おぼえていない文字や、実行できないプログラムだと、まちがっていることを教えてくれます。

いろいろな文字を入力してみよう

いろいろな英語の言葉を入力して、ENTER をおして、IchigoJam がおぼえているコマンドかどうかたしかめましょう。Syntax error と画面に出たら、IchigoJam がおぼえているコマンドではありません。

りんごは、英語では APPLE。キーボードから 5 つの文字をさがして画面に出します。IchigoJam は、APPLE を知っているでしょうか？

もし文字をまちがったら、ENTER をおして入力しなおしましょう。

入力してみよう。

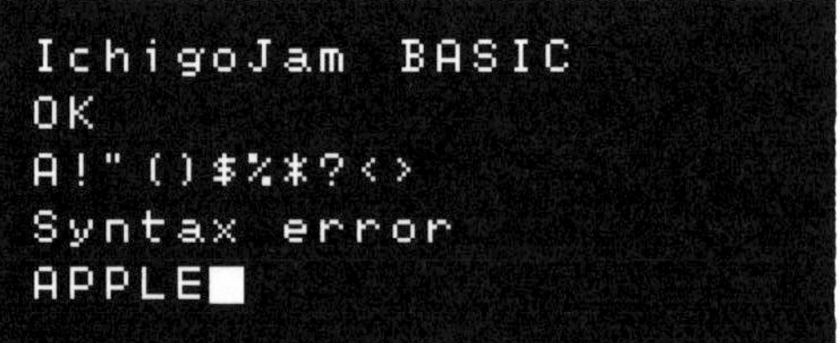

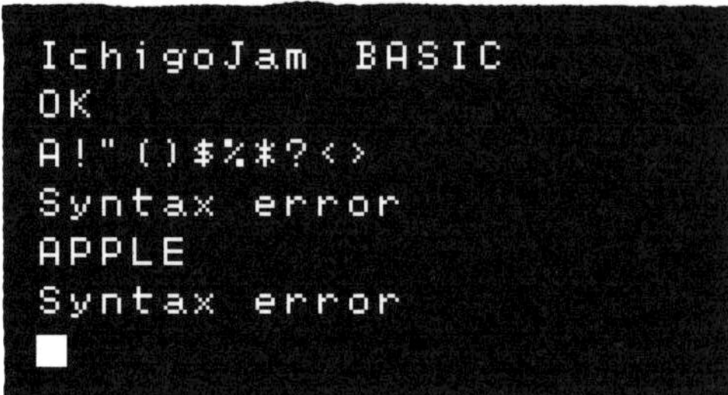

APPLE を画面に出して、ENTER をおしたら Syntax error が出ました。APPLE という言葉は、IchigoJam のコマンドではありません。

次の言葉も 1 つずつたしかめてみましょう。

入力してみよう。

すべてに Syntax error が出ました。どれも IchigoJam のコマンドではありません。

コマンドはこの先で学んでいきます。まずは、キーボードを使った入力に慣れましょう。

スペースを入力しよう

文字と文字の間をあけるときには、SPACE を使います。手前のなにも書かれていない大きなキーです。スペースとは「空き」「空間」という意味の英語の SPACE です。SPACE を使いながら、次の言葉をキーボードで入力して、ENTER をおしましょう。

入力してみよう。

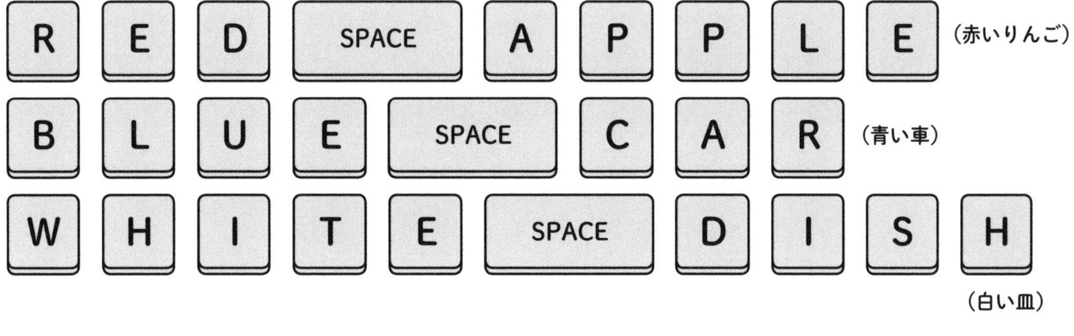

すべてに Syntax error が出たので、どれもコマンドではないことが分かりました。コマンドは、P.22「07 LED オン！ LED オフ！」から練習していきます。

キーボードで数字を入力してみよう

キーボードの上の方にある数字のキーで数字を入力して、ENTER をおしてみましょう。

0 はどうでしょう？　Syntax error が出ます。
1 はどうでしょうか？　返事がありません。
2 にも、3 にも返事はありません。

0 以外の数字を入力して、ENTER をおしても、Syntax error は出ません。また、なんの返事もしてきません。このとき、数字の 1、2、3 は、IchigoJam への指令になっています。この数字がどのような指令なのかは、P.32「09 おぼえたり、わすれたり？」で説明します。

プログラミングをはじめる前に

TRY!

プログラムが動かないときや、エラーが出たらどうすればいいかを学びます

エラー（まちがい）のあるプログラムを実行させると、IchigoJam は教えてくれます。

エラーが出てもコンピューターはこわれませんし、人間とちがって、何回まちがっても、おこったり、あきれたりすることもありません。たくさんまちがっても、気にせずに取り組みましょう。エラーを修正すれば、思ったとおりに動いてくれます。

STEP1 エラー（まちがい）の種類を知ろう

IchigoJam は、右の図のように 12 種類のエラーを教えてくれます。実行してもプログラムが動かなければ、エラーがあるということです。

はじめは文法エラーといわれる Syntax error しか出ません。エラーが出てもすぐにプログラムを消さずに、まちがっているところをさがして直していくようにしましょう。

Syntax error は、意味をなさない命令を実行させようとした場合だけではなく、コマンドが 1 文字でもまちがっている場合にも表示されます。

Syntax error	文法
Line error	行
Illegal argument	引数
Divide by zero	0 で割る
Index out of range	指数
File error	ファイル
Not match	組み合わせ
Stack overflow	サブルーチン
Complex expression	複雑
Out of memory	メモリ
Too long	長すぎる
Break	中断

下の図のエラーは、意味をなさない命令を実行させようとして表示されたものです。

```
IchigoJam BASIC
OK
A!"()$%*?<>
Syntax error
■
```

```
IchigoJam BASIC
OK
APPLE
Syntax error
■
```

形の似ている文字に気をつけよう

入力まちがいに気をつけましょう。次の文字、数字、記号は形が似ているので、まちがって入力してしまうことがあります。

アルファベットのIと数字の1	I と 1
アルファベットのPとR	P と R
アルファベットのOとQと数字の0	O と Q と 0
アルファベットのZと数字の2	Z と 2
アルファベットのSと数字の8	S と 8
記号の：と、記号の；	: と ;
記号の／と、記号の＼	/ と \
記号の＊と、記号の＃	* と #
記号の（）と、記号の＜＞	(と) と ＜ と ＞

下のように入力してみましょう。

```
I1PROQ0Z2S8:;/\*#()<>
```

LED オン！ LED オフ！

TRY!

IchigoJam の LED を光らせたり、消したりします

コマンドを入力してプログラムを作ります。まずは、IchigoJam についている LED をつけて消します。LED は電圧をかけると光る電子部品です。IchigoJam ap か IchigoJam web を使っている場合、LED が光るかわりに、画面に赤いふちどりが出ます。

LED を光らせよう

「LED1」という 4 つのキーをさがして入力しましょう。画面に LED1 と出たら、次に、ENTER をおしてみましょう。OK と出て、IchigoJam の LED が光ります。IchigoJam は、理解できる命令なら OK を画面に出して実行してくれます。

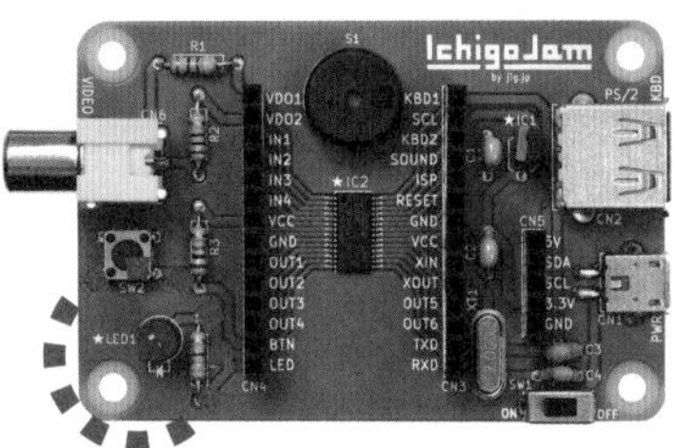

この LED という 3 つの文字が、IchigoJam の LED をあやつるコマンドです。コマンドは英語で COMMAND、命令するという意味があります。

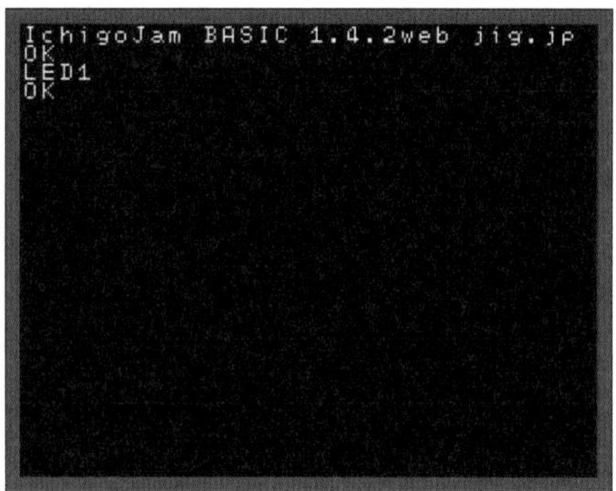

IchigoJam ap と IchigoJam web では、LED が光るかわりに、画面に赤いふちどりがあらわれます。

光っている LED を消そう

LED1 によって IchigoJam の LED が光りました。今度は、「LED0」という 4 つのキーを入力して、ENTER をおしてみましょう。

E

LED が消えました。数字の 1 がスイッチのオンで、数字の 0 がスイッチのオフのはたらきをしています。

LED を RED(レッド) にしてみよう

「RED(レッド)1」という 4 つのキーを入力して、ENTER をおしましょう。RED とは、英語で赤という意味です。

R E D 1

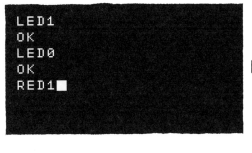

```
LED1
OK
LED0
OK
RED1
Syntax error
```

Syntax error(シンタックス エラー) と画面に出て、LED はつきません。RED は IchigoJam のコマンドではないということです。

STEP4

カーソルを動かそう

RED を LED に直します。カーソルキーを使います。

カーソルキーとは、キーボードの右下にある、カーソルを上下左右に動かす 4 つのキーです。

RED を LED に直すために、R を消して、かわりに L をいれます。まず、Syntax error の下で点滅しているカーソルを、R のうしろの E のところに動かします。

↑(上カーソル) を 2 回、→(右カーソル) を 1 回おすことで E のところに行きます。

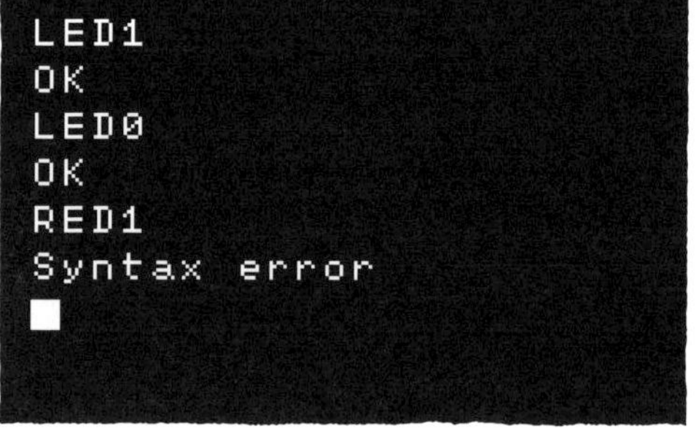

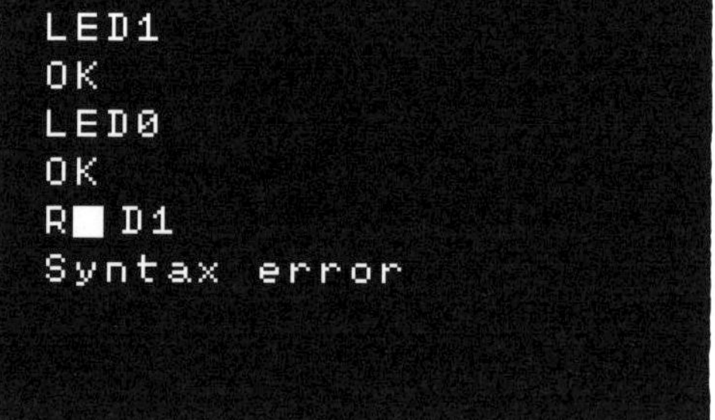

R の次の E のところにカーソルを動かします。

まちがいを直そう

Eのところでカーソルが点滅しています。

ここでキーボードの BACKSPACE（バックスペース）をおしてみます。Rが消えます。そこにLを入力してLED1に直しましょう。

LED1になったら、ENTER（エンター）をおしてみます。LEDが光りました。

OK
LED1
OK
LED0
OK
LED1
OKntax error

コマンドの入力をまちがったら、カーソルを消したい文字のうしろに動かして、BACKSPACE をおして、まちがった文字を消します。それから、正しい文字を入力しましょう。ENTER をおすと、直したコマンドを実行してくれます。

STEP6

画面にある文字を全部消そう

画面が文字でいっぱいになってきました。このままでもプログラミングはできますが、いったん画面をきれいにしましょう。

[BACKSPACE]を使って、文字を1つずつ消していくのは大変です。そこで、CLSというコマンドを使います。CLSは「Clear the screen.」、「画面をそうじして」という意味の英語で、画面に表示されているものをすべて消してくれます。CLSと入力して[ENTER]をおしてみましょう。

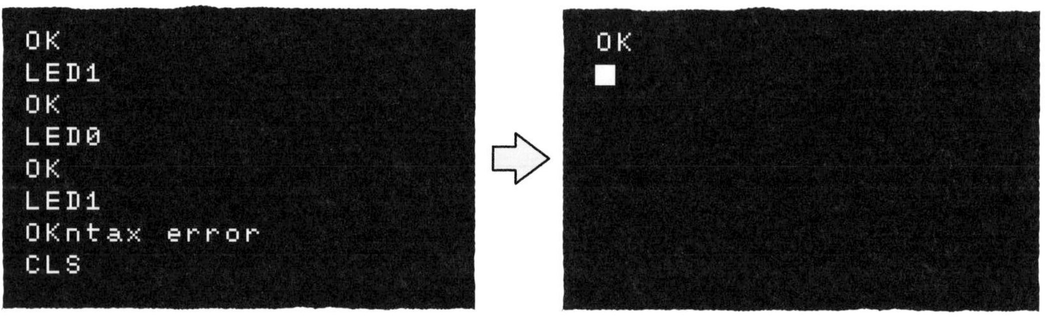
OK
LED1
OK
LED0
OK
LED1
OKntax error
CLS
OK

CLSは、キーボードの左上にある[ESC]のとなりの[F1]をおすことでも実行できます。

[F1]の、Fは「はたらき」という意味の英語のFUNCTIONのことです。キーボードの一番上にある[F1]から[F12]まで12個のキーをファンクションキーといいます。それぞれのファンクションキーは、そのままコマンドになっています。

画面をきれいにしてくれる CLS は、プログラムの最初で使うと、プログラムを実行したときに、なにも出ていない画面にすることができます。

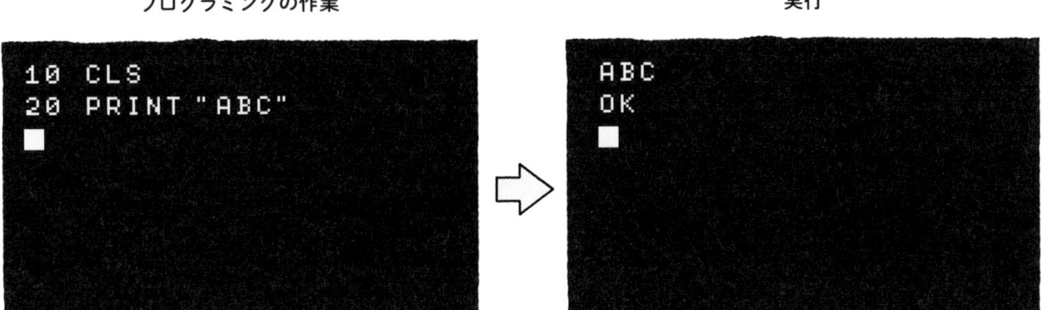

上の図のように、それぞれの行を数字ではじめるプログラムとその実行のしかたは、P.32「09 おぼえたり、わすれたり？」で学習します。

上の図は、「ABC」と画面に表示させるプログラムです。まず、CLS からはじめることで、このプログラムを実行すると、それまで画面に表示されていたものがすべて消えて、ABC だけが画面に表示されます。

光をあやつろう

TRY!

IchigoJam の LED をいろいろなテンポでつけたり消したりします

WAIT の練習をしよう

WAIT コマンドで「待て」をさせられます。WAIT は、英語で「待つ」という意味です。

IchigoJam に WAIT60 と入力して、ENTER をおしてみましょう。OK が出て、カーソルがあらわれるまで、ほんの少しだけ時間があきます。WAIT60 は、「そのまま 1 秒待て」という指示です。

```
WAIT60
```

今度は、WAIT120 と入力して、ENTER をおしてみましょう。OK の後にカーソルが出るまで何秒かかっているでしょうか？　IchigoJam では 1 秒が 60 なので、120 にすると 2 秒です。

W A I T 1 2 0

```
WAIT60
OK
WAIT120
```

STEP2 LEDをWAITであやつろう

WAITを使うと、LED(エルイーディー)が光る時間をあやつることができます。まず、CLS(クリアスクリーン)で画面をきれいにしましょう。CLSと入力して ENTER をおすか、F1(エフ) をおします。

LEDを1秒だけ光らせるには、LED1の後に、1秒だけ光ったままにするWAIT60をくわえます。

LEDを光らせるコマンド LED1	+	そのまま1秒待たせるコマンド WAIT60

STEP3 コマンドをつなげよう

記号の:(コロン)を使って、コマンドをつなげることができます。;(セミコロン)と似(に)ていますが、使い方はちがいますので、気をつけましょう。

:は、SHIFT(シフト) をおしながら、下の図の一番左のキーをおすと画面に出ます。上下に文字や記号がならんでいるキーで、上の文字や記号を出すやり方です。(→ P.17)

下の図の右がわのようなキーのキーボードもあります。このキーでは SHIFT をおす必要(ひつよう)はありません。

: ; 1 | ⇧ SHIFT | * : け

LED1に:をつけて、そのうしろにWAIT60を入力しましょう。

L E D 1 : W A I T 6 0

```
OK
LED1:WAIT60
```

STEP4 実行してみよう

ENTER をおして実行してみましょう。

```
LED1:WAIT60
```

LEDがつきました。でも、消えません。1秒だけ光らせるためにWAIT60をつけたのにどうして消えないのでしょうか？

LEDを消すプログラムのLED0がないためです。

いったん、LED0を入力してLEDを消しておきましょう。

```
LED1:WAIT60
OK
LED0
OK
```

STEP5 やり直そう

CLS① で画面の表示を消します。

LED1の後に：でWAIT60をつなぐと、LEDを1秒光らせることができます。

60は1秒という時間を表す数字です。LEDを消すために、：でLED0をつなげましょう。

ENTER をおして実行しましょう。これでLEDが1秒だけ光って消えます。

```
OK
LED1:WAIT60:LED0
```

LED1　WAIT60

LED0

LEDが光らずに、Syntax errorが出たら、プログラムのどこかにまちがいがあります。少しでも入力がまちがっていたら、エラーが出ます。たとえば、：と；や、数字の0と文字のOなどはまちがえやすいので気をつけましょう。プログラミングで使う数字の0のなかには、ななめの線が入っています。

コロン

セミコロン

ゼロ　オー

Ø　O

① F1 をおすか、CLSと入力して ENTER をおします。

光る時間を変えよう

WAIT の数を変えることで、LED が光る時間を変えることができます。カーソルキーの[↑]と[→]をおして、カーソルを WAIT の数字の後の:まで動かします。そして、[BACKSPACE]をおします。

```
OK
LED1:WAIT60:LED0
OK
```

12000 という、大きな数字を入力して、[ENTER]をおしてみましょう。

```
OK
LED1:WAIT12000:LED0
OK
```

IchigoJam の 1 秒は 60。入力した数字を 60 で割ってみると、何秒待つ指示を出したのかが分かります。たとえば、12000 としたら、12000 ÷ 60 = 200 で、200 秒（3 分 20 秒）です。200 秒、LED がついたままになります。

実行しているプログラムをとちゅうで止めるときには、キーボードの左上にある[ESC]をおします。[ESC]とは「にげる」という意味の英語の ESCAPE のことです。ただし LED は[ESC]では消えません。

入力した数字を 60 で割ってみると、何秒なのか分かります

IchigoJam の 1 秒は 60

IchigoJam の 2 秒は 120

おぼえたり、わすれたり？

TRY!

プログラムをおぼえさせたり、わすれさせたりします

STEP1 プログラムに番号をつけよう

長いプログラムは、1行ごとに ENTER をおして実行するのではなく、何行かまとめて実行させることができます。プログラムの1行ごとに、行番号をつけると、ENTER をおしてもいきなり実行せずにおぼえてくれます。

右の図のようにプログラムの先頭に10という番号をつけて、LEDを光らせて1秒待つプログラムを作って、ENTER をおしましょう。

LEDは光りませんが、10行のプログラムをおぼえています。行番号をつけたプログラムを実行させるコマンドはRUNです。RUNとは「走る」という意味の英語です。

キーボードでRUNと入力して、ENTER をおして実行してみましょう。WAIT60で光る時間をおぼえさせても、LED0という消えるコマンドをおぼえさせなければLEDは消えません。RUNは、F5 をおしても、実行できます。

```
10 LED1:WAIT60
```

```
10 LED1:WAIT60
RUN
```

STEP2 プログラムを直しておぼえさせよう

カーソルキーで、カーソルをWAIT60のうしろまで動かして、:でLED0をつなげましょう。

これで ENTER をおせば、直したプログラムをおぼえてくれます。

```
10 LED1:WAIT60:LED0
RUN
```

STEP3 行番号をつけてプログラムを整理しよう

行番号は 10 行、20 行、30 行……とつけていきます。そうすることで、後から 10 行と 20 行の間にプログラムをつけくわえることができるからです。また、行番号をつけると、プログラムの順番が分かりやすくなります。LED を光らせて消す左下のプログラムは、行番号をつけて 3 行にすることができます。

```
10 LED1:WAIT60:LED0
RUN
```

```
10 LED1
20 WAIT60
30 LED0
RUN
```

どちらも同じ指示のプログラムです。

STEP4 行をでたらめに入力してみよう

行番号をつけると、どんな順番で入力しても、行番号の小さい順にプログラムをおぼえて実行してくれます。

左下のように、30 行→ 10 行→ 20 行の順番で入力してみましょう。そして、LIST と入力して、ENTER で実行します。LIST は、おぼえているプログラムをよび出すコマンドです。プログラムをよび出してみると、右のように、10 行→ 20 行→ 30 行と、順番にならべてくれます。

```
30 LED0
10 LED1
20 WAIT60
```

```
LIST
10 LED1
20 WAIT60
30 LED0
OK
```

LIST は、F4 をおしても、実行することができます。

STEP5 スペースを入力しよう

LED と WAIT のうしろにスペースを入力すると、右のようにプログラムをつなげても見やすくなります。スペースがあってもなくても、プログラムの意味は変わりません。

```
10 LED 1:WAIT 60
20 LED 0
```

STEP6 おぼえたプログラムをわすれさせよう

新しいプログラムを作るために、おぼえているプログラムをすべてわすれさせるときには、NEW(ニュー)コマンドを使います。NEWとは「新しい」という意味の英語(えいご)です。

CLS(クリアスクリーン)は画面の表示(ひょうじ)をすべて消してくれました。そのときに画面上で見えなくなっても、IchigoJam(イチゴジャム)は行番号がついているプログラムをおぼえています。

右のプログラムをCLS①で画面から消すと、画面にはカーソルだけが表示されます。しかしIchigoJamはプログラムをおぼえているので、LIST(リスト)コマンドでプログラムをよび出すことができます。

```
10 LED 1:WAIT 60
20 LED 0
```

```
OK
■
```

LIST②を実行してみましょう。CLSで消したプログラムが画面にあらわれました。

```
LIST
```

```
LIST
10 LED 1:WAIT 60
20 LED 0
OK
```

今度はNEWを実行します。NEWと入力して、ENTER(エンター)をおしましょう。プログラムは消えずに画面に表示されていますが、IchigoJamはプログラムをわすれています。

```
LIST
10 LED 1:WAIT 60
20 LED 0
OK
NEW
OK
```

CLSで表示を消してから、もう一度LISTでよび出してみましょう。

NEWでプログラムをわすれさせたので、なにもよび出されません。

```
OK
LIST
OK
```

① F1(エフ)をおすか、CLSと入力して ENTER をおします。
② F4をおすか、LISTと入力して ENTER をおします。

プログラムの直し方を整理しよう

プログラムの直し方は３つあります。確認(かくにん)しておきましょう。直したら、ENTER をおすことをわすれないようにしましょう。

直し方
① IchigoJam が教えてくれたエラーの行を直します。右の図の Syntax error in 20(シンタックス エラー イン) は、20 行にエラーがあるということです。下に出ている 20 行を直して、ENTER をおします。すると、20 行をおぼえ直してくれます。

```
10 LED 1:WAIT 60
20 RED 0
RUN
Syntax error in 20
20 RED 0
```

RをLに変(か)えます

直し方
② LIST でプログラムをよび出して、全体を確認(かくにん)しながら、エラーを直すこともできます。

```
20 RED 0
LIST
10 LED 1:WAIT 60
20 RED 0
OK
```

直し方
③ NEW でプログラム全体をわすれさせて、正しいプログラムをはじめから入力し直すこともできます。

```
10 LED 1:WAIT 60
20 RED 0
RUN
Syntax error in 20
20 RED 0
NEW
```

20 行をまるごと消したい場合は、20 という行数だけ入力して、ENTER をおします。20 行は、なにも指示(しじ)のないプログラムだということで、わすれてくれます。

```
LIST
10 LED 1:WAIT 60
20 RED 0
20
LIST
10 LED 1:WAIT 60
OK
```

また、10 行と同じ内容(ないよう)の行を、30 行や 40 行にも作りたいときは、10 行の行番号を 30 や 40 に変えて ENTER をおすと、10 行の内容を 30 行や 40 行としてもおぼえてくれます。

くり返し光るイルミネーションを作ろう

TRY!

LEDがついたり消えたりをくり返すイルミネーションを作ります

クリスマスの時期に見かける、ついたり消えたりするイルミネーションは、つけて○秒待って消して…という指示をくり返しています。つけて消しての指示を何回もくり返すことで、人がいちいちつけたり消したりしなくてもよくなります。

人間なら飽きてしまうくり返しでも、コンピューターは得意です。

GOTOというコマンドを使えば、くり返しの指示を出すことができます。GOTOとは、～へ（TO）行く（GO）という2つの英語の言葉を合わせたものです。GOTOで、指示した行までプログラムを進ませる（もどす）ことができます。

STEP1 LEDをつけたり消したりしよう

WAIT 120で、2秒待つということです。

右のプログラムは、

10行　LEDをつけて、そのまま2秒待つ
20行　LEDを消して、そのまま2秒待つ
30行　LEDをつけて、そのまま2秒待つ
40行　LEDを消す

```
10 LED 1:WAIT 120
20 LED 0:WAIT 120
30 LED 1:WAIT 120
40 LED 0
```

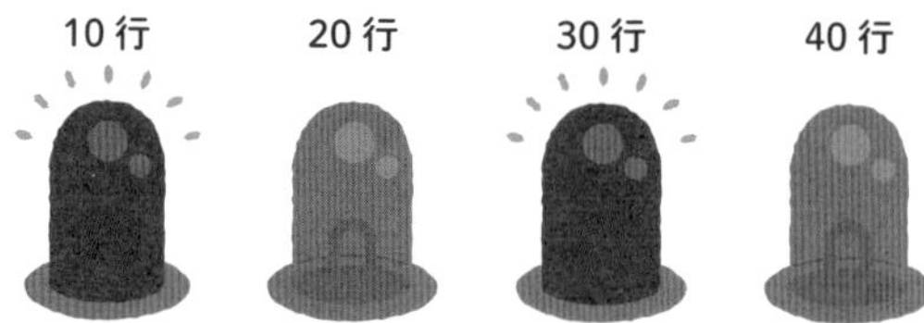

という光り方をします。入力して、RUN①で実行してたしかめましょう。

このプログラムの後に、50行、60行、70行と書きつづけると、つけたり消したりをくり返させることができます。しかし、長い時間点滅させるプログラムを作るには、えんえんとプログラムを書きつづけないといけないため、とても時間がかかってしまいます。

① F5 をおすか、RUNと入力して ENTER をおします。

GOTOでくり返しをさせよう

指示した行まで進んだり、もどったりしてくれるGOTOを使って、自動で点滅をくり返すプログラムに改造（かいぞう）します。

10行と20行のプログラムをくり返すために、40行を消し、30行をGOTOコマンドに変（か）え、10行へもどすくり返しをさせます。

40と、行番号だけを入力し、ENTER（エンター）をおすと、40行をわすれてくれます。

```
10 LED 1:WAIT 120
20 LED 0:WAIT 120
30 LED 1:WAIT 120
40 LED 0
40
```

行番号10のプログラムにもどすために、30行目をGOTO 10とします。ENTERをおし、RUNで実行してみましょう。ESC（エスケープ）で止めるまで、2秒ごとにLEDが点滅をくり返すプログラムになりました。

```
10 LED 1:WAIT 120
20 LED 0:WAIT 120
30 GOTO 10
RUN
```

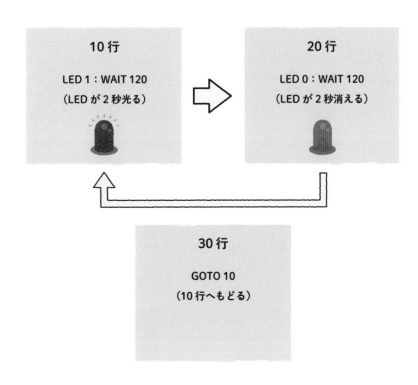

10行
LED 1：WAIT 120
（LEDが2秒光る）

20行
LED 0：WAIT 120
（LEDが2秒消える）

30行
GOTO 10
（10行へもどる）

STEP3 ファンクションキーを使おう

ファンクションキーは、キーボードの一番上の列にあります。ファンクションとは、「はたらき」という意味の英語の FUNCTION です。

よく使うコマンドは、いちいち文字を入力しなくても、ファンクションキーで実行することができます。

たとえば、CLS と入力しなくても、[F1] をおすことで、画面の表示をすべて消すことができます。

[F5] をおせば、プログラムを実行してくれますし、[F4] をおせば、おぼえているプログラムを画面に出してくれます。

コマンドとファンクションキー

STEP4 もっとふくざつに点滅するプログラムにしよう

ESCでプログラムを止めて、F4①でプログラムをよび出して、下のように改造しましょう。

```
10 LED 1:WAIT 60:LED 0:WAIT 60
20 LED 1:WAIT 120:LED 0:WAIT 60
30 GOTO 10
```

10行は、1秒光って1秒消えるプログラムで、20行は、2秒光って1秒消えるプログラムです。30行のGOTOで10行にもどって、10行→20行→30行→10行→……とくり返します。それぞれの行を改造したら、わすれずにENTERをおしましょう。F5②をおして実行してみます。

STEP5 くり返しを変えよう

ESCをおして、プログラムを止めましょう。30行のGOTOで10行にもどしていますが、20行にもどすようにしたら、どのような点滅になるでしょうか。F4でプログラムを出して改造してみましょう。

```
10 LED 1:WAIT 60:LED 0:WAIT 60
20 LED 1:WAIT 120:LED 0:WAIT 60
30 GOTO 20
```

F5で実行します。

10行にもどらなくなるので、20行の「2秒光って1秒消える」だけがくり返されるようになります。

WAITの数を変えると、点滅のタイミングが変わります。ESCでプログラムを止めて、F4でプログラムを出して、WAITの数をいろいろな数に変えてみましょう。

① LISTのファンクションキー。

② RUNのファンクションキー。

11

LED（エルイーディー）で遊ぼう！

TRY!

LED（エルイーディー）にいろいろな光り方をさせます

TRY!

やってみよう！

かんたんな光り方からはじめて、よりふくざつにしてみましょう。

① LED（エルイーディー）を光らせましょう。

② LEDを消しましょう。

③ ファンクションキーを使って画面の表示（ひょうじ）を消しましょう。

④ LEDをつけて、すぐに消すプログラムを作りましょう。できたらファンクションキーで実行しましょう。

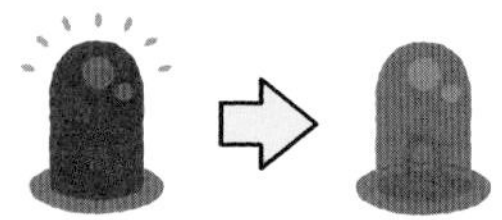

⑤ LEDを1秒光らせて消して、次は2秒光らせましょう。消してから光るまでの間は自由に決めましょう。

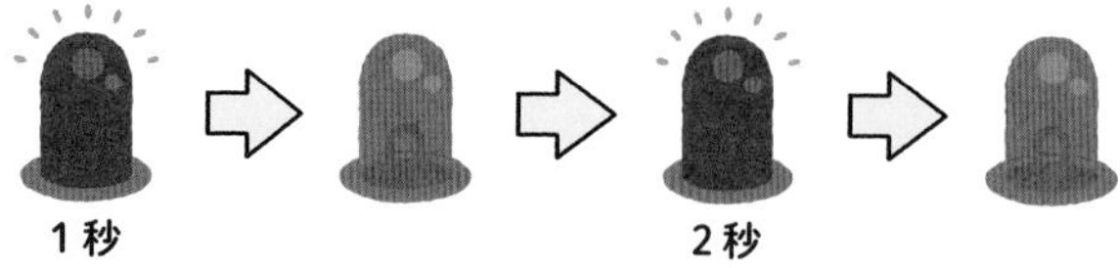

⑥ ⑤で作ったプログラムをコピーして、追加(ついか)の行を作り、LEDを3回光らせましょう。プログラムをコピーして新しい行を作るには、先に作った行の行番号を新しく作りたい行の行番号に変(か)えて、ENTER(エンター)をおします。やってみましょう。

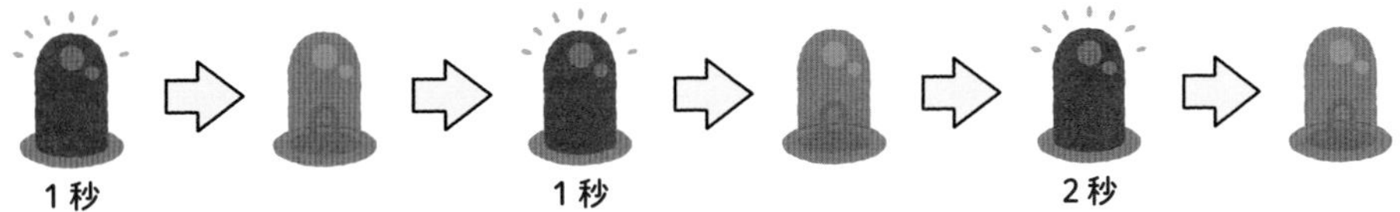

⑦ ⑥のプログラムを改造して、LEDが最後(さいご)に光ったままになるようにしましょう。

⑧ ⑦のプログラムを改造して、光ったり消えたりをくり返しつづけるプログラムを作りましょう。

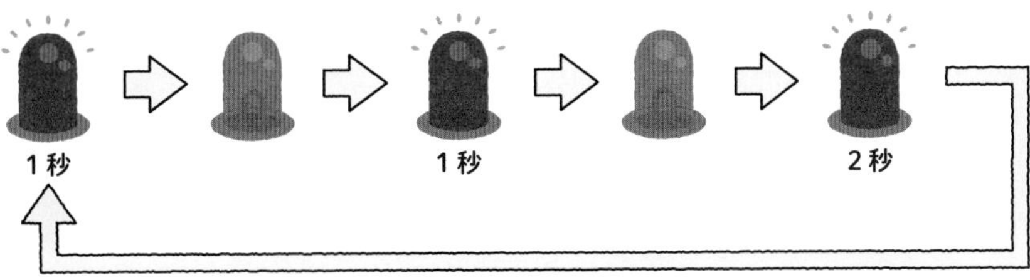

答え

①・② LED 1 で光ります。LED 0 で消えます。

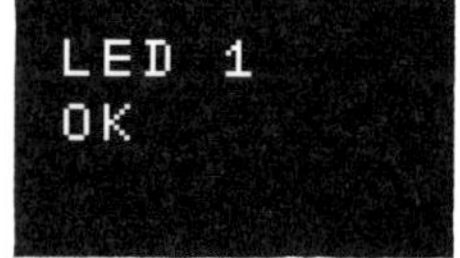

```
LED 1
OK
```

```
LED 0
OK
```

③ CLS で画面の表示が消えます。
CLS のファンクションキーは F1 です。

④ 行番号をつけてプログラムを作ります。10 行で光らせて、20 行で消します。RUN のファンクションキー F5 で実行します。あっという間に LED が光って消えます。

```
10 LED 1
20 LED 0
```

⑤ LED 1 を 2 回使って、光る時間は WAIT で決めます。1 秒は 60、2 秒は 120 です。
光らせてから消すために、LED 1 のうしろに、LED 0 をつなげます。WAIT で設定する LED 0 の時間は自由です。ここでは 60 にしました。

```
10 LED 1:WAIT 60:LED 0:WAIT 60
20 LED 1:WAIT 120:LED 0
```

⑥ LIST[1]でプログラムを画面に出します。10行の行番号を15に変えて、ENTERをおすと、10行の内容を、15行としてもおぼえてくれます。
LISTで下のプログラムのようになっていることをたしかめて、RUNで実行しましょう。

```
10 LED 1:WAIT 60:LED 0:WAIT 60
15 LED 1:WAIT 60:LED 0:WAIT 60
20 LED 1:WAIT 120:LED 0
```

⑦ 20行の最後のLED 0をとると、光りつづけます。

```
10 LED 1:WAIT 60:LED 0:WAIT 60
15 LED 1:WAIT 60:LED 0:WAIT 60
20 LED 1:WAIT 120
```

⑧ 30行を作ります。GOTOコマンドで、10行へもどして、くり返すようにします。
あるいは、20行のうしろに、:でGOTOをつなげてもよいでしょう。
実行しているプログラムを止めるには、ESCをおします。

```
10 LED 1:WAIT 60:LED 0:WAIT 60
15 LED 1:WAIT 60:LED 0:WAIT 60
20 LED 1:WAIT 120
30 GOTO 10
```

```
10 LED 1:WAIT 60:LED 0:WAIT 60
15 LED 1:WAIT 60:LED 0:WAIT 60
20 LED 1:WAIT 120:GOTO 10
```

[1] F4をおすか、LISTと入力してENTERをおします。

12 世界へあいさつしよう

TRY!

文字を画面に表示させます

PRINT コマンドを使うと、指定した文字や数字、記号を画面に表示させることができます。

STEP1 PRINT を使って、あいさつをしよう

PRINT とは、英語で「印刷する」「出版する」という意味です。PRINT を使えば、指示したものを画面に表示させることができます。

PRINT を使って、IchigoJam にあいさつをさせましょう。

右のプログラムは、“ ”のなかの「HELLO WORLD」という文字列をそのまま画面に表示させるものです。

```
PRINT "HELLO WORLD"
```

“ ” はダブルクォートといって、英語で使う記号です。

“ ” を入力するキーは、右の 2 つのキーのどちらかです。IchigoJam では “ と ” は区別しません。

キーの上にある記号を入力するときには、SHIFT をおしながら、そのキーをおします。

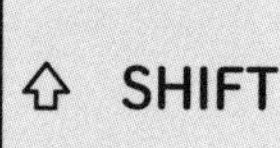

ENTERをおしてプログラムを実行すると表示される「HELLO WORLD」は、「こんにちは、世界」というあいさつです。

HELLO WORLDを画面に表示するプログラムは、世界でもっとも有名なプログラムといわれています。プログラミングの学習をはじめたときに、だれもが作るプログラムだからです。

このプログラムを作ったら、みなさんもプログラマーに仲間いりです。

```
PRINT "HELLO WORLD"
HELLO WORLD
OK
```

いろいろな文字、数字、記号を表示させよう

“ ” のなかにいろいろな文字、数字、記号を入力して、画面に表示させてみましょう。

“ ” のなかに 20 + 30 ＝というたし算の式を入力して、ENTERをおして実行すると、式が表示されます。

今度は “ ” をとって、20 + 30 に変えてみましょう。ENTERをおして実行すると、今度はたし算の答えが表示されます。

“ ” のなかの式は、文字と記号の列としてそのまま表示され、“ ” がないときには、計算の結果が表示されることが分かります。

```
PRINT "HELLO WORLD"
HELLO WORLD
OK
PRINT "20+30="
20+30=
OK
PRINT 20+30
50
OK
```

PRINTコマンドの省略形を使おう

PRINTには、？という省略形があります。？はクエスチョンマークといい、質問の文の終わりにつける英語の記号ですが、？の記号がPRINTのはたらきをします。

右の2つは同じ内容のプログラムです。

```
PRINT "HELLO WORLD"
```

```
? "HELLO WORLD"
```

13

1・2・3をくり返そう

TRY!

1・2・3をくり返し表示しつづけるプログラムを作ります

1・2・3を表示させよう

「1・2・3」と3つの数字が連続して、くり返し表示されるプログラムを作ります。PRINTを使って数字を画面に表示させ、GOTOで同じプログラムをくり返します。

10行

CLSで画面の表示を消します。プログラムが実行されると、画面の表示がすべて消えます。

```
10 CLS
```

20行・30行・40行

?①で、123の数字を画面に表示します。“ ”を使わなくても数字だけなら表示されます。RUN②で実行してみましょう。

3つの数字が同時に表示されているように見えます。人間の目では分からないくらいのはやさであらわれているからです。

```
10 CLS
20 ? 1
30 ? 2
40 ? 3
```

```
1
2
3
OK
```

LIST③でプログラムを出して、それぞれの数字にWAITをつけ、少しの間、待つようにします。WAIT 20にして ENTER をおしたら、実行してみましょう。何回も F5 をおせば、プログラムが実行されますが、GOTOでくり返させてみましょう。

```
10 CLS
20 ? 1:WAIT 20
30 ? 2:WAIT 20
40 ? 3:WAIT 20
```

① PRINTの省略形。
② F5 をおすか、RUNと入力して ENTER をおします。
③ F4 をおすか、LISTと入力して ENTER をおします。

STEP2 くり返しをさせよう

40行で3が画面に出たら、50行のGOTOで、10行にもどってくり返しをさせます。

ENTER をおして50行をおぼえさせたら、RUNで実行しましょう。プログラムを止めるときには、ESC(エスケープ) をおします。

```
10 CLS
20 ? 1:WAIT 20
30 ? 2:WAIT 20
40 ? 3:WAIT 20
50 GOTO 10
```

STEP3 1・2・3を連続して表示させよう

1・2・3の後に、次の1・2・3が連続して表示されるように改造(かいぞう)しましょう。LISTでプログラムを出して、50行のGOTOで20行にもどします。20行からくり返せば、10行のCLS(クリアスクリーン)にはもどらないので、1・2・3が連続して表示されます。

20行にもどるとCLSで画面の表示が消えないので、3の次に1が表示されます。

```
10 CLS
20 ? 1:WAIT 20
30 ? 2:WAIT 20
40 ? 3:WAIT 20
50 GOTO 20
```

```
1
2
3
1
2
3
1
2
```

10行にもどるとCLSで画面の表示が消えます。

```
10 CLS
20 ? 1:WAIT 20
30 ? 2:WAIT 20
40 ? 3:WAIT 20
50 GOTO 10
```

14

おみくじを作ろう

TRY!

RNDを使って、数字おみくじを作ります

でたらめに数を返してくるコマンドRNDと、画面に文字を表示する？を使って、かんたんな「おみくじ」のプログラムを作ります。RNDとは、英語のRANDOMのことで「でたらめに」「きまりなく」という意味です。「規則性がない」という意味もあります。

規則性がある数の列（2ずつ大きくなっている）

・・・0　2　4　6　8　10　12　14　16　18　20・・・

規則性がないランダムな数の列

・・・5　5　2　1　7　2　9　1　7　7　2・・・

RNDのはたらきを知ろう

IchigoJamがおぼえているプログラムがあったら、NEWと入力して ENTER をおしてからはじめましょう。右下のプログラムを入力しましょう。（　）は、SHIFT をおしながら、8と9のキーをおすと入力できます。

```
10 ? RND(10)
```

プログラムを実行すると、RNDは、0から9までの10個の数字から、ランダムに1つの数字を返してきます。RND(10)は、1から10ではなくて、0から数えはじめて10個の数字（0から9まで）ということなので気をつけましょう。

()のなかの数字によって、0からいくつまでの数字からえらぶかを決めます。

RND(10)は、0から9までの10個の数のなかからランダムに数字を1つ返します

0　1　2　3　4　5　6　7　8　9　このなかからランダムに1つの数字を返します

RNDを使ってみよう

RND(10)は、0から9までの10個の数字のなかからランダムに1つの数字を返してきます。その数字を?で画面に表示させます。

右のプログラムを入力して、RUN(ラン)①で実行してみましょう。

```
10 ? RND(10)
```

右の図では2が画面に出ています。もう一度、RUNで実行してみます。

プログラムを実行するたびに0から9までの数字のどれかが1つずつ表示されます。

```
10 ? RND(10)
RUN
2
OK
```

次にRNDの数字を2にしてみます。

RND(2)が返してくる数を予想しましょう。予想したら、[ENTER]をおしてプログラムをおぼえさせて、RUNで実行してみましょう。

```
10 ? RND(2)
```

何回も実行してみましょう。

RND(2)なので、0から数えはじめて2個の数字から、ランダムに1つの数字を返してきます。なので、0か1のどちらかになります。

```
10 ? RND(2)
RUN
0
OK
RUN
1
OK
```

RND(2)は、0から1までの2個の数のなかからランダムに数字を1つ返します

0　1 → このなかからランダムに1つの数字を返します

ランダムに数字を返してくるRNDのはたらきを利用(りよう)して、おみくじのプログラムを作りましょう。

① [F5](エフ)をおすか、RUNと入力して[ENTER]をおします。

おみくじのしくみを決めよう

おみくじには、「大吉・吉・中吉・小吉・末吉・凶」の運勢があり、自分が引いたくじにどれが書かれているかをたしかめます。大吉だったらとてもラッキー、凶だったらがっかりですね。

6つの運勢のそれぞれに、0から5までの数字をつけます。この0から5までの数字のなかから1つの数字をランダムに画面に表示させれば、おみくじになります。

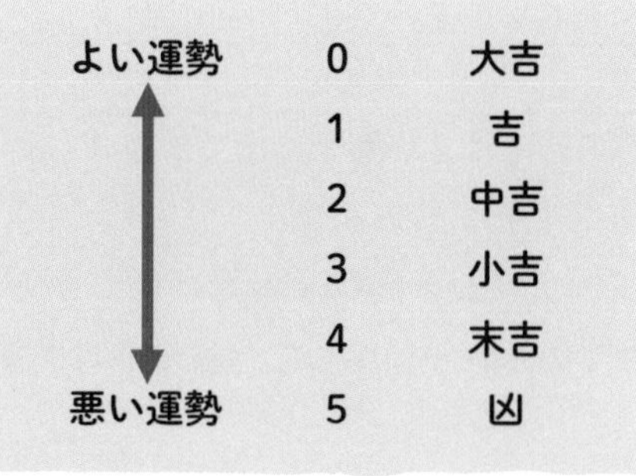

ランダムな数字を表示させよう

0から5までの6個の数字から、どれか1つがランダムに表示されるようにします。

0 1 2 3 4 5 → このなかからランダムに1つの数字を返す

RND(6)です。右のプログラムを実行してみましょう。右下の図では、1が返されています。

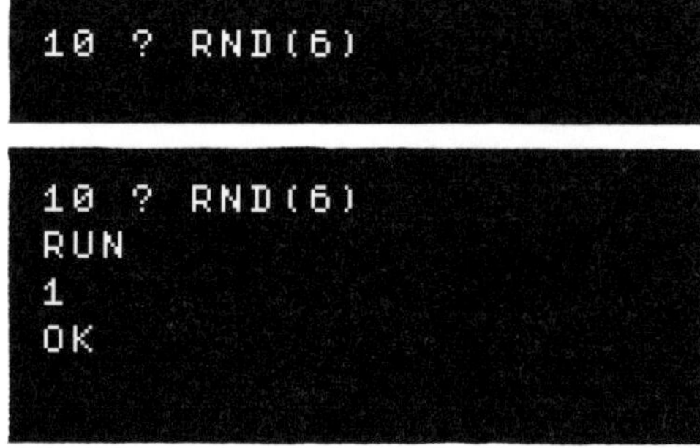

```
10 ? RND(6)
```

```
10 ? RND(6)
RUN
1
OK
```

リストを作ろう

10行が返してきた数字が、6つの運のなかのどれなのか分かるように、リストを作ります。

よい運勢	0	大吉	→	0	DAI-KICHI
↑	1	吉	→	1	KICHI
	2	中吉	→	2	CHU-KICHI
	3	小吉	→	3	SHO-KICHI
↓	4	末吉	→	4	SUE-KICHI
悪い運勢	5	凶	→	5	KYO

```
5 CLS
10 ? RND(6)
20 WAIT 180
30 ? "0 DAI-KICHI"
40 ? "1 KICHI"
50 ? "2 CHU-KICHI"
60 ? "3 SHO-KICHI"
70 ? "4 SUE-KICHI"
80 ? "5 KYO"
```

5行

プログラムを実行したら、CLS（クリアスクリーン）で画面の表示が消えるようにします。

20行

数字が表示されてから、3秒おくれて①リストを出します。WAIT（ウェイト）を使います。結果（けっか）がすぐに分からないようになり、おみくじのドキドキ感が出ます。

30～80行

6つの運のリストを表示させます。それぞれの？（プリント）のあとの“ ”（ダブルクウォート）のなかに文字を入力します。

実行しよう

RUN②で実行します。右の図では、3と出たので、運は「小吉/SHO-KICHI」です。まあまあの運勢です。これでおみくじができました。

次のページでプログラムを保存（ほぞん）する方法（ほうほう）を学びます。おみくじのプログラムを保存したければ、NEW（ニュー）でプログラムをわすれさせないように気をつけましょう。

```
RUN
3
0 DAI-KICHI
1 KICHI
2 CHU-KICHI
3 SHO-KICHI
4 SUE-KICHI
5 KYO
```

① WAIT 60で1秒です。WAIT 180で3秒になります。
② F5（エフ）をおすか、RUNと入力して ENTER（エンター）をおします。

プログラムを保存しよう

TRY!

作ったプログラムを IchigoJam に保存する方法を学びます

電源を切ってもプログラムをおぼえているように、IchigoJam にプログラムを保存します。

作ったプログラムを IchigoJam に保存しよう

画面に表示されているプログラムは、電源を切ると消えてしまいます。SAVE コマンドを使うと、IchigoJam に、4 つのプログラムを保存できます。保存する場所は、0 から 3 までの 4 つです。SAVE とは「保存する」という意味の英語です。テレビゲームでも、やったところまでを記録するときに、「セーブする」などといいます。

SAVE で保存してみよう

保存したいプログラムの後に、SAVE と保存したい場所の数字をつけて、ENTER で実行します。

右の図は、SAVE 0 を実行して、前のページで作ったおみくじのプログラムを保存したところです。

「Saved 142byte」とは「142 バイト① という大きさのプログラムが保存されました」という意味です。

```
LIST
5 CLS
10 ? RND(6)
20 WAIT 180
30 ? "0 DAI-KICHI"
40 ? "1 KICHI"
50 ? "2 CHU-KICHI"
60 ? "3 SHO-KICHI"
70 ? "4 SUE-KICHI"
80 ? "5 KYO"
OK
SAVE 0
Saved 142byte
OK
```

① バイトはデータの大きさをあらわす単位です。

保存したプログラムをたしかめよう

FILES コマンドで、保存されているプログラムをたしかめられます。FILES という英語は、ファイルのことです。保存されたプログラムをファイルといいます。

右の図は、FILES を実行した画面です。0 番に CLS と表示されています。保存したプログラムの 1 行目が表示されるようになっています。1 番、2 番、3 番には、まだ保存されているプログラムファイルがありません。

```
FILES
0 CLS
1
2
3
OK
```

プログラムをよび出そう

SAVE で保存したプログラムをよび出すのが LOAD コマンドです。0 番のプログラムをよび出すプログラムは、LOAD 0 です。LOAD 0 を実行して、0 番に保存したプログラムをよび出してみましょう。

よび出したら LIST②で画面に表示させましょう。

右の図は、「142 バイトの大きさのプログラムが読みこまれた」という意味です。LOAD は、「データを読みこむ」という意味で使われます。

```
LOAD 0
Loaded 142byte
OK
```

プログラムの保存について整理しよう

電源を切ったらわすれてしまう場合と、電源を切ってもわすれない場合があることが分かりました。次のページで整理しておきましょう。作ったプログラムを保存しておきつつ、新しいプログラムを作るときには、SAVE で保存して、NEW でわすれさせて、CLS で画面の表示を消してからはじめるとよいでしょう。

② F4 をおすか、LIST と入力して ENTER をおします。

IchigoJamの2種類の記憶場所

IchigoJamには2種類の記憶場所があります。電源を切ると消えてしまう記憶場所をメモリ、電源を切っても消えない記憶場所をファイルといいます。それぞれ英語で、「記憶」という意味のMEMORY、「データのまとまり」「データの記憶場所」という意味のFILEのことです。

SAVEで保存し、LOADでよび出すプログラムは、電源を切っても消えないファイルに保存されています。SAVEで保存していないプログラムは、電源を切ると消えてしまいます。

まとめ

- BACKSPACEでプログラムを消す→ENTERをおすまでは前のプログラムをおぼえたままなので、LISTで画面に表示される。メモリに保存されていて、電源を切ったらわすれる。
- CLSで画面の表示を消す→画面から消えただけなので、LISTで画面に表示される。電源を切ったらわすれる。
- NEWを実行する→実行すると、メモリにあるプログラムをわすれる。
- SAVEで保存する→ファイルに保存されていて、電源を切ってもNEWを実行してもプログラムをわすれない。プログラムはLOADでよび出して、LISTで画面に表示できる。

IchigoJam web でプログラムを保存しよう

IchigoJam web ではブラウザを閉じてしまうと、SAVE で保存してもデータは消えてしまいます。しかし、EXPORT と IMPORT という機能を使えば、作ったプログラムをテキストとして保存しておくことができます。

画面上でプログラムを作って、EXPORT をクリックすると、画面の下の窓にプログラムが出ます。

それをコピーして、テキストファイルとして保存することで、プログラムの保存ができます。

テキストを窓にはりつけて、IMPORT をクリックすると、そのテキストをプログラムとして読みこんでくれます。

下の図は、EXPORT によって画面の下の窓にプログラムをテキストとして出したところです。

IchigoJam web

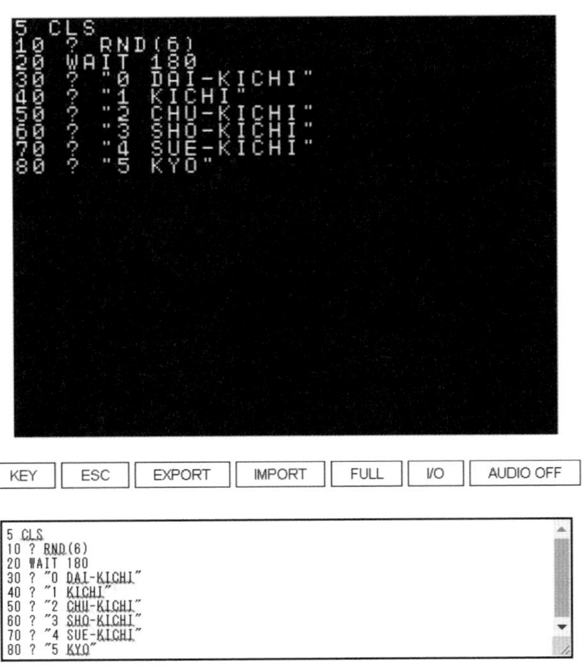

IchigoJam ap では、SAVE で保存したデータは、画面を閉じても、パソコンの電源を切っても、LOAD でよび出すことができます。

16

改造して遊ぼう

TRY!

作ってきたプログラムを改造してみます

TRY!

やってみよう！

① 右のプログラムは、数字の1・2・3を連続して画面に表示させるプログラムです。数字のかわりに、数字の数の分だけ＊を表示させましょう。

```
10 CLS
20 ? 1:WAIT 20
30 ? 2:WAIT 20
40 ? 3:WAIT 20
50 GOTO 20
```

② 右のプログラムはおみくじのプログラムです。おみくじの数字が出る前にLEDが光って、数字が出たらLEDは消えるようにしましょう。

```
5 CLS
10 ? RND(6)
20 WAIT 180
30 ? "0 DAI-KICHI"
40 ? "1 KICHI"
50 ? "2 CHU-KICHI"
60 ? "3 SHO-KICHI"
70 ? "4 SUE-KICHI"
80 ? "5 KYO"
```

③ 右下の図は②で改造したおみくじのプログラムの一部です。これを改造して、ビンゴマシンにします。ビンゴゲームでは、25のマス目に書かれた、1から75までの数字を消していって、たて・横・ななめにならんだ5つの数字をはやく消した順に勝ちになります。消せる数字は、ビンゴマシンがランダムに1つずつ出す数です。

1から75までの数字のどれかが出て、5秒たったら次の数が出る、それをくり返すように、プログラムを直しましょう。

```
5 CLS
6 LED 1:WAIT 120
10 ? RND(6)
15 LED 0
20 WAIT 180
```

TRY!

答え

① ＊は数字ではないので、“ ”のなかに＊をいれます。“ ”で囲むと、囲んだものをそのまま表示してくれます。＊は、＊の書かれたキーをおすか、SHIFT をおしながら＊の書かれたキーをおすと、入力できます。

```
10 CLS
20 ? "*":WAIT 20
30 ? "**":WAIT 20
40 ? "***":WAIT 20
50 GOTO 20
```

② 5 行の CLS と、10 行の数が出る間に、LED を光らせます。ここでは、2 秒光らせました。
数字が出たあとに、LED が消えるようにします。

```
5 CLS
6 LED 1:WAIT 120
10 ? RND(6)
15 LED 0
20 WAIT 180
30 ? "0 DAI-KICHI"
40 ? "1 KICHI"
50 ? "2 CHU-KICHI"
60 ? "3 SHO-KICHI"
70 ? "4 SUE-KICHI"
80 ? "5 KYO"
```

③ ゲームのルールで 0 を出さないので、1 から 75 までの 75 個の数のなかから、ランダムに 1 つの数を返します。
10 行で RND(75)+1 を表示します。
RND(75) は、0 から 74 までの 75 個の数から 1 つの数をランダムに返すので、それに 1 を足して、1 から 75 までの数からランダムに 1 つの数を返すようにします。
数字を 5 秒間そのまま表示するため、20 行の WAIT は 300（60 × 5）① です。
30 行の GOTO で 5 行へもどしてくり返しをさせれば、次の数が表示されます。10 行へもどすと、これまでに表示された数字は消えずに画面にのこりつづけます。

```
5 CLS
6 LED 1:WAIT 120
10 ? RND(75)+1
15 LED 0
20 WAIT 300
30 GOTO 5
```

① WAIT 60 で 1 秒です。5 秒だと、60 × 5 = 300 で、WAIT 300 です。

ボタンを使ってみよう

TRY!

IchigoJamのボタンをスイッチとして使います

IchigoJamやIchigoDakeについているボタンを使います。IchigoJam webやIchigoJam apでは、画面をクリックすると、ボタンをおしたことになります。

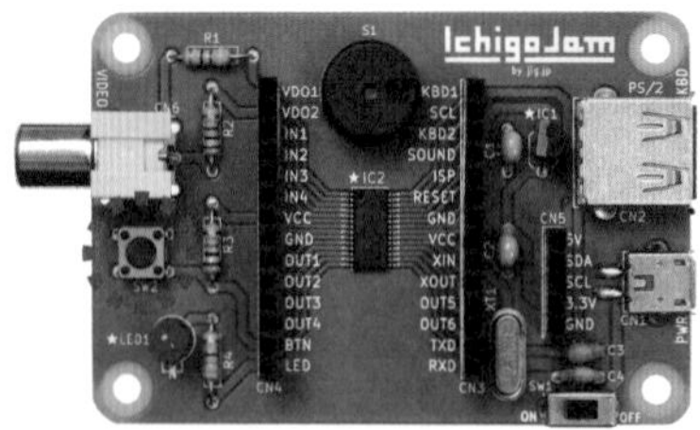

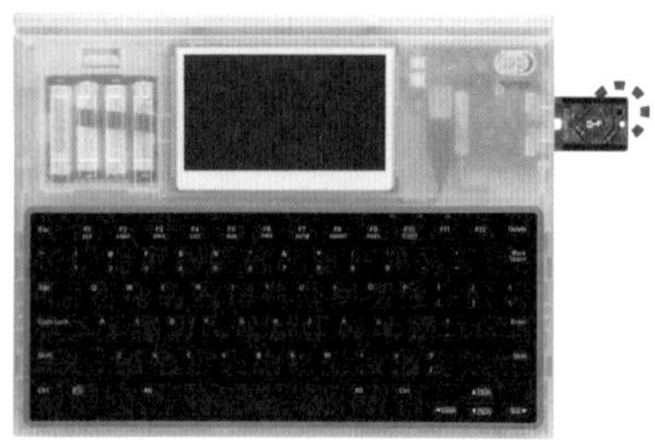

STEP1 BTNを使おう

右の図のように入力しましょう。
BTNは、英語のBUTTONのことです。
( )は、SHIFTをおしながら、8と9のキーをおすと入力できます。

(8　) 9　⇧ SHIFT

ボタンをおしてみよう

なにもせずにENTERをおして、RUN①で実行してみましょう。0を返してきます。

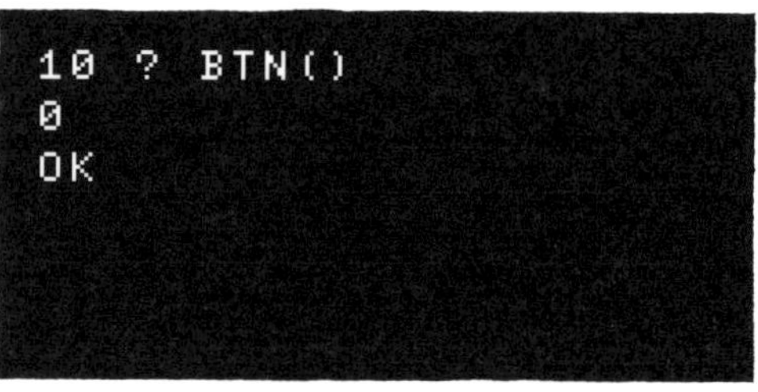

① F5をおすか、RUNと入力してENTERをおします。

次に、IchigoJamのボタンをおしながら実行してみましょう。今度は1を返してきました。

BTNは、IchigoJamのボタンがおされているときには、数字の1を返してきます。

```
10 ? BTN()
1
OK
```

右の図のプログラムは、ボタンがおされていないときに、BTNが返してきた0を、？で画面に出しています。

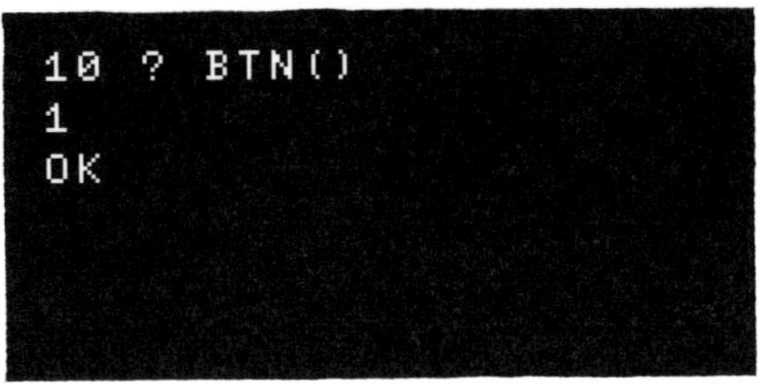
10 ? BTN()
0
OK

IchigoJamのボタンがおされているときには、BTNは数字の1を返してきます。

IchigoJam webやIchigoJam apでは、黒い画面のうえで、クリックしたままにすると、ボタンがおされている状態となります。クリックしたまま、RUNで実行しましょう。

```
10 ? BTN()
1
OK
```

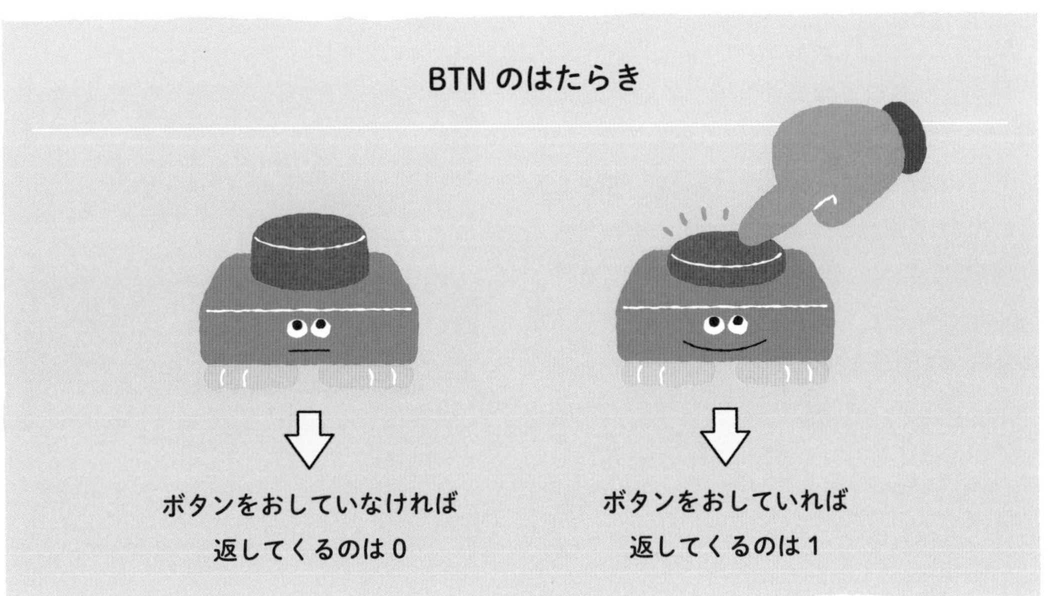
BTNのはたらき
ボタンをおしていなければ
返してくるのは0
ボタンをおしていれば
返してくるのは1

STEP3 GOTO を使ってくり返そう

10 行と 20 行の 2 行でくり返しのプログラムを作って、ボタンのはたらきをたしかめましょう。

10行

?①で BTN が返してくる 1 か 0 を画面に出します。

```
10 ? BTN()
20 GOTO 10
```

20行

GOTO で 10 行にもどすと、10 行がくり返されます。RUN②で実行しましょう。

10 行がくり返されると、ボタンをおしていなければ、0 がくり返し画面に表示されます。

ここでボタンをおしてみましょう。ボタンをおすと BTN が 1 を返すので、ボタンをおしているときだけ、1 が表示されます。そして、ボタンをはなせば 0 にもどります。

IchigoJam ap や IchigoJam web では、画面の上で、クリックしてみましょう。

```
0
0
0
0
0
1
1
1
```

ESC でプログラムを止めて、LIST③を実行してプログラムを画面に出しましょう。

10 行の最後に ; をつけて、ENTER をおしたら、RUN で実行してみましょう。それからボタンをおしたり、はなしたりしてみましょう。

; をつけると、BTN が返してくる数が、横にならべて表示されます。

```
10 ? BTN();
20 GOTO 10
```

```
00000000000000000000
000011111111
```

① PRINT の省略形。
② F5 をおすか、RUN と入力して ENTER をおします。
③ F4 をおすか、LIST と入力して ENTER をおします。

STEP4 ボタンをおしたらLEDが光るプログラムを作ろう

[ESC] でプログラムを止めたら、CLS④で画面の表示を消して、LISTを実行してプログラムを画面に出します。

```
LIST
10 ? BTN();
20 GOTO 10
OK
```

?をLEDに変えます。LEDは文字を表示しないので；をとります。

```
LIST
10 LED BTN()
20 GOTO 10
OK
```

LEDコマンドは、LED 1でLEDを光らせて、LED 0でLEDを消します。

BTNが返す0と1を使ってLEDをあやつります。RUNで実行して、ボタンをおしたりはなしたりしてみましょう。

ボタンをおしているときだけ、LEDが光ります。

LEDが消えていてもプログラムは実行されているので、プログラムは [ESC] で止めましょう。

```
LIST
10 LED BTN()
20 GOTO 10
OK
RUN
```

```
LIST
10 LED BTN()
20 GOTO 10
OK
RUN
Break in 10
10 LED BTN()
```

ボタンをおしていなければ
BTNは0を返す

LED 0になってLEDを消す

ボタンをおしていれば
BTNは1を返す

LED 1になってLEDを光らせる

④ [F1] をおすか、CLSと入力して [ENTER] をおします。

ボタンで高速点滅！

TRY!

ボタンをおすと LED が高速で点滅するプログラムを作ります

LED が点滅するプログラムを作ろう

NEW と入力して、ENTER をおして、おぼえているプログラムをわすれさせてから、C L S①で画面の表示を消します。3 分の 1 秒のはやさでくり返し点滅させましょう。3 分の 1 秒は WAIT 20 です。

```
10 LED 1:WAIT 20
20 LED 0:WAIT 20
30 GOTO 10
RUN
```

IchigoJam の 1 秒 = 60

IchigoJam の 1/3 秒 = 20

30 行の GOTO で 10 行へもどしてくり返しをさせます。入力できたら RUN②で実行しましょう。これで、くり返し LED が点滅します。

ボタンをおすと、光って消える間隔が短くなるようにしよう

点滅している時間の長さは、WAIT の数で決まります。ボタンをおしたとき、WAIT の数が小さくなれば、LED の点滅ははやくなります。BTN はボタンがおされると 1 を返すので、その数で引き算をして WAIT の数を小さくします。引き算の記号は、算数と同じ－を使います。

ESC でプログラムを止めてから、LIST③を実行してプログラムを画面に出して、下のように 20 行を改造しましょう。

```
10 LED 1:WAIT 20
20 LED 0:WAIT 20-BTN()
30 GOTO 10
```

ボタンをおしたら、LED が消えている時間の WAIT の数が小さくなるようにします。

20 行を変えて ENTER をおしたら、RUN で実行してボタンをおしてみましょう。

① F1 をおすか、CLS と入力して ENTER をおします。 ② F5 をおすか、RUN と入力して ENTER をおします。
③ F4 をおすか、LIST と入力して ENTER をおします。

STEP3 はやくならない理由を考えよう

実行してみると、ボタンをおしても、点滅がはやくならないことが分かります。どうしてでしょうか。

ボタンをおすと、BTN が 1 を返してきます。その 1 を WAIT の 20 から引くので、引いた数の分だけ、はやくなるはずです。BTN が返す 1 を引くと、いったい何秒はやくなるのでしょうか。

IchigoJam（イチゴジャム）は 1 秒のうちに 60 数えるので、WAIT から引かれる 1 は 60 分の 1 秒です。

ボタンをおしているときに、点滅はごくわずかにはやくなっています。ですが、60 分の 1 秒という短い時間を感じることはできないので、ボタンをおしていても点滅がはやくなったようには感じないのです。

STEP4 ボタンをおしたときに、もっとはやく点滅させよう

もっとはやく点滅させるには、ボタンをおしたときに返してくる 1 を使って、WAIT の数から引く数をより大きくします。

[ESC] で点滅しているプログラムを止めたら、LIST を実行してプログラムを画面に出して改造します。今度は、BTN が返してくる 1 を 14 倍して、WAIT 20 から引いてみます。

IchigoJam のかけ算の記号は *（アスタリスク）です。算数の ×（かける）ではないので気をつけましょう。

下の図のように改造したら [ENTER] をおして、RUN で実行してボタンをおしてみましょう。ボタンをおしつづけている間は点滅がはやくなっています。

```
10 LED 1:WAIT 20
20 LED 0:WAIT 20-BTN()*14
30 GOTO 10
```

どれくらいはやくなるのか考えよう

ボタンをおしていないときは WAIT 20 で、ボタンをおすと BTN が返してきた 1 を 14 倍して 14 を引くので WAIT 6 になります。20 − 1 × 14 = 6 です。

ボタンをおすと、LED が消えている時間が 20（3 分の 1 秒）から 6（10 分の 1 秒）へ変わります。

```
10 LED 1:WAIT 20
20 LED 0:WAIT 20-BTN()*14
30 GOTO 10
```

ボタンをおしていないとき
BTN は 0 を返す

20 − 0 × 14 = 20
ボタンをおしていないときの点滅時間
IchigoJam の 20　20/60 = 1/3 秒

ボタンをおしているとき
BTN は 1 を返す

20 − 1 × 14 = 6
ボタンをおしているときの点滅時間
IchigoJam の 6　6/60 = 1/10 秒

STEP6 ボタンをおしたときに、点滅をおそくさせるには？

点滅をはやくするために、BTN が返してくる 1 を使って、WAIT の数を小さくしました。

反対に、ボタンをおしたときに、点滅をおそくするにはどうすればいいでしょうか。反対のことをすればよいので、BTN が返してくる 1 を使って、WAIT の数を大きくしましょう。

```
10 LED 1:WAIT 20
20 LED 0:WAIT 20+BTN()*40
30 GOTO 10
```

ボタンをおしたときに BTN が返してくる 1 を 40 倍して足してみます。+(プラス)は、+の書かれたキーをおすか、SHIFT(シフト)をおしながら+の書かれたキーをおすと、入力できます。ボタンをおしているときに、20 行の WAIT 20 + BTN * 40 は、20 + 1 × 40 = 60 となって、WAIT の数は 10 から 60 になります。数が大きくなった分だけ、LED の点滅はおそくなります。

ESC(エスケープ) でプログラムを止めたら、LIST(リスト)①を実行してプログラムを表示(ひょうじ)して、改造(かいぞう)できたら実行してみましょう。

ボタンをおしていないとき
BTN は 0 を返す

20 + 0 × 40 = 20
ボタンをおしていないときの点滅時間
IchigoJam の 20　20/60 = 1/3 秒

ボタンをおしているとき
BTN は 1 を返す

20 + 1 × 40 = 60
ボタンをおしたときの点滅時間
IchigoJam の 60 = 1 秒

① F4(エフ) をおすか、LIST と入力して ENTER(エンター) をおします。

19

もし○○だったら…？

TRY!

ボタンでLEDがついたり消えたりするプログラムを作ります

IFで、コンピューターに判断をさせよう

IFは「もし～なら」という意味の英語です。IFコマンドを使うと、「もし～なら」という条件をあたえて、コンピューターに判断をさせることができます。

右のプログラムを実行してみましょう。

```
10 IF BTN()=0 GOTO 10
```

10行のプログラムは、「ボタンがおされていなかったら10行をくり返す（次に進まない）」というプログラムです。

BTNは、ボタンがおされていないときは0を返して、ボタンがおされたら1を返してきます。

10行のプログラムは、

IF（もし）、BTN（）＝0（BTNが0を返してくれば）、GOTO 10（10行へ進め）

というプログラムです。GOTO 10（10行へ進め）だから、次の20行には進まないということです。

10行だけのプログラムで、ボタンをおしたらどうなるでしょう？

ボタンをおすと、BTNが1を返します。このとき、次の行に進みますが、次の行はないので、このプログラムは終わってしまいます。

もし、ボタンがおされなければ＝BTNが0を返していれば
→　10行に行く＝次の行に進まない

もし、ボタンがおされたら＝BTNが1を返してくれば
→　次の行はまだないので終わり

ボタンをおしたら、LED(エルイーディー)が光るプログラムを作ろう

10行・20行

ボタンがおされていなければ10行をくり返し、次へは進みません。ボタンをおすとBTNが1を返すので、次の行に進みます。

20行へ進んだら、LED(エルイーディー)を光らせます。

RUN(ラン)①でプログラムを実行して、ボタンをおしてみましょう。ボタンをおすとLEDが光ります。

```
10 IF BTN()=0 GOTO 10
20 LED 1
```

30行・40行

光っているときにボタンをおしたら、今度はLEDが消えるようにします。

30行では、ボタンがおされていなければ30行をくり返し、ボタンをおしたら40行に進ませるようにします。

40行でLEDが消えます。これでLEDが光っているときにボタンをおすと、LEDが消えます。

```
10 IF BTN()=0 GOTO 10
20 LED 1
30 IF BTN()=0 GOTO 30
40 LED 0
```

50行

40行でLEDが消えたら、50行で10行にもどしてくり返させて、もう一度ボタンがおされるのを待つようにします。

```
10 IF BTN()=0 GOTO 10
20 LED 1
30 IF BTN()=0 GOTO 30
40 LED 0
50 GOTO 10
```

ここまでできたら、RUNで実行して、何回もボタンをおしてみましょう。すごいはやさで点滅(てんめつ)したり、うまく消えなかったりするときがあります。どうしてでしょうか。

① F5(エフ)をおすか、RUNと入力して ENTER(エンター) をおします。

どうしてボタンが反応しないのか考えよう

ボタンをおすとすごいはやさで点滅したり、うまく消えなかったりするときがあるのは、コンピューターの判断のスピードがはやすぎるためです。ボタンがおされたら、LED を光らせて、すぐに次の判断に進んでしまうのです。

IchigoJam は、1 秒に 5000 万回の計算ができます。ボタンをおしている瞬間に、何回もプログラムをくり返してしまいます。ボタンをおしている時間がほんの少しちがうだけで、反応が変わってしまうのです。

```
10 IF BTN()=0 GOTO 10
20 LED 1
30 IF BTN()=0 GOTO 30
40 LED 0
50 GOTO 10
```

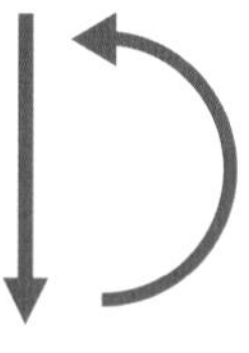

一瞬で進んでくり返す

待つ時間を作ってあげよう

ESC をおしてプログラムを止めて、LIST①でプログラムをよび出して、改造しましょう。

WAIT を使って、LED の光っている時間と消えている時間を長くします。20 行と 40 行に：②で WAIT 120 をつないで、ENTER をおしておぼえさせます。

ボタンをおすと、20 行の WAIT 120 によって必ず 2 秒は光ります。

さらにボタンをおすと、40 行の WAIT 120 で必ず 2 秒は消えます③。

だから 20 行と 40 行で 2 秒間 LED を光らせたり、消したりしている間にボタンをおしても、次へ進みません。ボタンをおすタイミングをいろいろ変えてたしかめましょう。

```
10 IF BTN()=0 GOTO 10
20 LED 1:WAIT 120
30 IF BTN()=0 GOTO 30
40 LED 0:WAIT 120
50 GOTO 10
```

IchigoJam の 1 秒 = 60
IchigoJam の 1/3 秒 = 20

① F4 をおすか、LIST と入力して ENTER をおします。
② ：でプログラムをつなぐことができます。
③ WAIT 60 で 1 秒なので、WAIT 120 で 2 秒です。

プログラムの意味をたしかめよう

```
10 IF BTN()=0 GOTO 10
20 LED 1:WAIT 120
30 IF BTN()=0 GOTO 30
40 LED 0:WAIT 120
50 GOTO 10
```

10行

ボタンをおしていなければBTNは0を返すので、0 = 0となって10行をくり返します。ですので、なにもおこりません。ボタンがおされると、BTNが1を返すので、1 ≠ 0となり、20行へ進みます。

20行

LED 1に、WAIT 120をつなげると、2秒LEDが光ります。ただし消す命令は40行なので、40行のLED 0に進むまで、光ったままです。

30行

ボタンをおしていなければBTNは0を返すので、0 = 0となって30行をくり返します。LEDは、20行で光ったままです。もしボタンがおされると、BTNが1を返すので、1 ≠ 0となって40行へ進みます。

40行

LED 0に、WAIT 120をつなげると、2秒LEDが消えます。ただし20行のLED 1に進むまでは消えたままです。

50行

40行でLEDが消えると、50行からすぐに10行へ進んで、くり返しとなります。

20

ボタンを使って遊んでみよう

TRY!

IF(イフ)とBTN(ボタン)を使って、LED(エルイーディー)をあやつるプログラムを復習(ふくしゅう)します

ボタンをおすとLED(エルイーディー)が光ったり、消えたりするプログラムを作ろう

```
10 IF BTN()=0 GOTO 10
20 LED 1:WAIT 120
30 IF BTN()=0 GOTO 30
40 LED 0:WAIT 120
50 GOTO 10
```

BTNはボタンをおしていれば1を、おしていなければ0を返してきます。なにもせずにプログラムを実行すると、BTNは0を返してきます。

上のプログラムは、P.66「19 もし○○だったら…？」で作った、ボタンをおすとLED(エルイーディー)が光ったり、消えたりするプログラムです。このプログラムを改造(かいぞう)してみます。

STEP2 ボタンをおしたままにしてみよう

```
10 IF BTN()=0 GOTO 10
20 LED 1:WAIT 120
30 IF BTN()=0 GOTO 30
40 LED 0:WAIT 120
50 GOTO 10
```

ボタンをおしたままにすると、BTN が 1 を返しつづけて、BTN( ) = 0 は 1 ≠ 0 と、成り立たない式になります。このときに、10 行と 30 行の IF は、GOTO のプログラムを実行せずに、次の行へ進みます。

ボタンをおしたままにすると、10 行から 20 行へ、30 行から 40 行へくり返して進みつづけるので、LED は光ったり、消えたりをくり返します。

STEP3 すばやく 2 回おしたときも、LED が光ったり消えたりするようにしよう

```
10 IF BTN()=0 GOTO 10
20 LED 1:WAIT 10
30 IF BTN()=0 GOTO 30
40 LED 0:WAIT 10
50 GOTO 10
```

WAIT で決める時間を 10 などのように短くします。10 にすると、LED の点滅は 1/6 秒①。ボタンをすばやくおしても反応します。

STEP4 ボタンをおしている間だけ LED が消えるようにしよう

```
10 IF BTN()=1 GOTO 10
20 LED 1:WAIT 60
30 IF BTN()=0 GOTO 30
40 LED 0:WAIT 120
50 GOTO 10
```

ボタンをおしていないとき、10 行は BTN が 0 を返すので、0 ≠ 1 で、20 行へ進み LED が光ります。ボタンをおすと、30 行の BTN が 1 を返すので、1 ≠ 0 で、40 行へ進みます。40 行で LED が消えて、50 行から 10 行へ進んでくり返します。10 行では、ボタンをおしている間は 20 行へ進まないので、LED は消えたままになります。

① WAIT 60 で 1 秒なので、WAIT 10 にすると 1/6 秒になります。

21

音をあやつろう

TRY!

音の高さやリズムをあやつるプログラムを作ります

IchigoJamで音を出します。サウンダーがついていないIchigoJamを持っていたら、付属パーツのサウンダーを、IchigoJamのSOUNDとGNDにさします。IchigoJam webでは、画面右下の AUDIO ON のボタンをクリックします。IchigoJam apは、パソコンのオーディオ機能をオンにすると、音が出るようになっています。

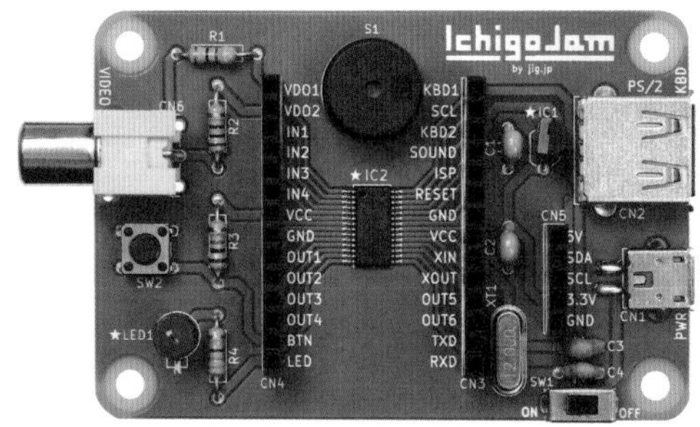

サウンダーつきIchigoJam
このまま使えます。

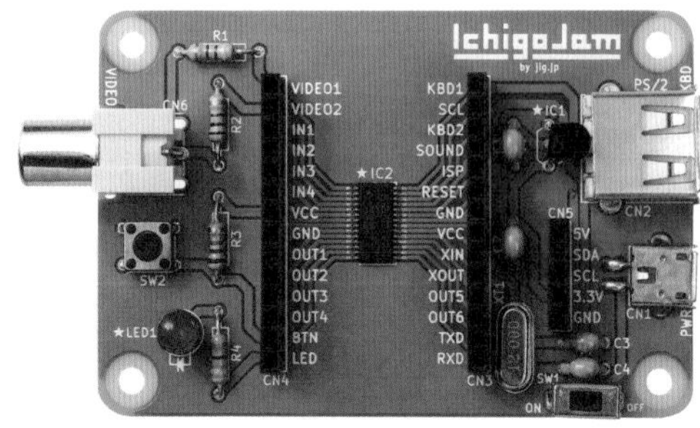

サウンダーがついていないIchigoJam
付属パーツのサウンダーをさします。

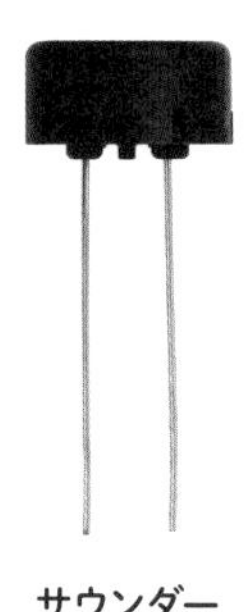

サウンダー

サウンダーをSOUNDとGNDにさします。

サウンダーとは、「鳴くもの」という意味の英語のSOUNDERのことです。SNDとは、音という意味の英語のSOUNDのことです。

GNDとは、「地面」という意味の英語のGROUNDのことです。電気回路では、マイナス側をつなぐ場所です。

STEP1 音を出してみよう

BEEPコマンドを使って、音を出します。BEEPと入力して、ENTERをおして実行してみましょう。

BEEPとは「ピーッという音を出す」という意味の英語です。実行したら「ピッ」と鳴ります。

```
BEEP
OK
```

STEP2 音の高さを変えよう

BEEPのうしろに数を入力することで音の高さが変わります。数が小さくなるほど、音の高さは高くなります。いろいろな数を入力して、音を出してみましょう。

```
BEEP 5
OK
BEEP 20
OK
```

STEP3 音の長さを変えよう

音の高さの後に「,」をつけて数を入力すると、数の大きさで音の長さを変えることができます。

高さ10、長さ30の音を出してみましょう。

```
BEEP 10,30
OK
```

STEP4 リズムを作ろう

右のプログラムを入力して、実行してみましょう。5の高さの音を1/2秒①出したら、20の高さの音を1/2秒だけ出すプログラムにして、それをくり返します。

プログラムが2行以上になると、うまく動かないので、WAITをつけましょう。

```
10 BEEP 5,30:WAIT 30
20 BEEP 20,30:WAIT 30
30 GOTO 10
```

① IchigoJamは、60で1秒なので、30にすると1/2秒（0.5秒）になります。

TRY!

やってみよう！

前のページで、下のようなプログラムを作りました。
次の問題をやってみましょう。

```
10 BEEP 5,30:WAIT 30
20 BEEP 20,30:WAIT 30
30 GOTO 10
```

① 3つの音を同じ長さでくり返すように、プログラムを改造(かいぞう)しましょう。

② ①のプログラムを改造して、それぞれの音がちがう長さで鳴るようにしましょう。

③ ボタンをおしている間、音が止まるようにしましょう。

TRY!

答え

① 右の図では、11行を追加(ついか)して、3つの音が鳴るようにしました。同じ長さで鳴るように、30でそろえています。

```
10 BEEP 5,30:WAIT 30
11 BEEP 7,30:WAIT 30
20 BEEP 20,30:WAIT 30
30 GOTO 10
```

② ,(カンマ)の後の時間と、WAIT(ウェイト)の時間を変(か)えます。

```
10 BEEP 5,30:WAIT 30
11 BEEP 7,15:WAIT 15
20 BEEP 20,45:WAIT 45
30 GOTO 10
```

③ ②で作ったプログラムを改造します。IF(イフ)を使って、ボタンがおされていたら、次のプログラムに進まないようにします。
たとえば15行を追加して、ボタンをおしている間は15行をくり返して先に進まないようにします。ボタンをおしているときにはBTN(ボタン)が1を返すので、15行をくり返し、次の行には進みません。

```
10 BEEP 5,30:WAIT 30
11 BEEP 7,15:WAIT 15
15 IF BTN()=1 GOTO 15
20 BEEP 20,45:WAIT 45
30 GOTO 10
```

音楽を作ろう

TRY!

演奏をするプログラムを作ります

STEP1 PLAYで音を出してみよう

サウンダーがついていないIchigoJamを使用している場合、追加パーツのサウンダーの2本の足が、それぞれIchigoJamのSOUNDとGNDにさしてあることをたしかめましょう。IchigoJam webでは、AUDIO ONをクリックします。

PLAYコマンドで、ドレミなどの音を出すことができます。PLAYとは、「遊ぶ」「演奏する」という意味の英語です。

右のプログラムを入力してみましょう。

“ ” のなかにアルファベットを入力して、PLAYで演奏します。

RUN①で実行してみると、ドレミと音が出ます。

音階は、次のようにアルファベットになっています。

```
10 PLAY "C D E"
```

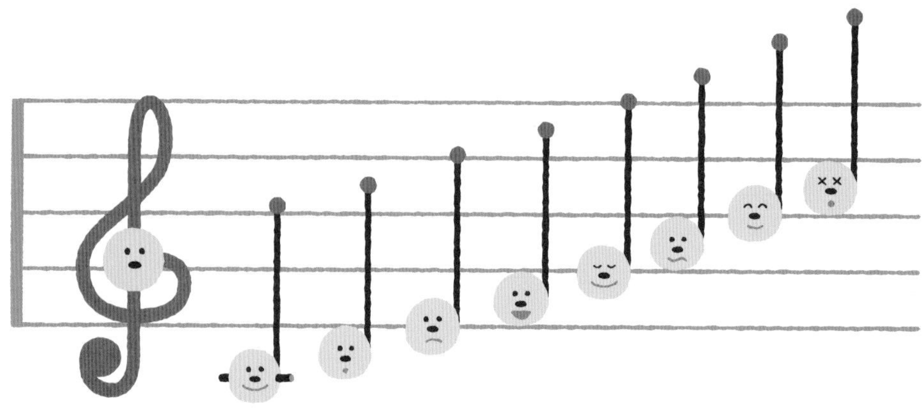

ド	レ	ミ	ファ	ソ	ラ	シ	ド
C	D	E	F	G	A	B	C

① F5をおすか、RUNと入力してENTERをおします。

STEP2　ドレミファソラシドを出してみよう

右のように入力してみます。これだと、最後のドの音であるCが、最初のドと同じ高さになってしまいます。

```
10 PLAY "C D E F G A B C"
```

同じドの音でも、Oと数を使って高さを変えることができます。Oは、音楽用語のOCTAVEのOです。

CDEFGAB（ドレミファソラシ）の高さをO4として、高い方のドのCはO5とします。

数字の0ではなくてOなので気をつけましょう。RUNで実行してみます。

```
10 PLAY "O4 C D E F G A B O5 C"
```

STEP3　音の長さ（音符）を変えよう

音に数をつけると長さが変わります。右のように最後のCの音に1をつけると、全音符となって長い音になります。なにもつけなければ四分音符です。

```
10 PLAY "O4 C D E F G A B O5 C1"
```

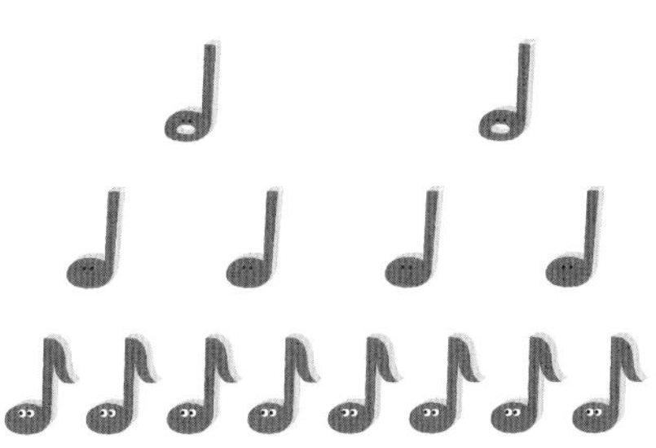

1　全音符

2　二分音符

なにもつけない　四分音符

8　八分音符

下の音符になるほど、音の長さが短くなります。十六分音符は音のうしろに16をつけます。数字が大きくなれば、音が長くなるわけではないところに注意しましょう。

STEP4 半音上げたり、下げたりしよう

半音上げる音のうしろに＋か♯をつけます。右の図では、A（ラ）に＋をつけて半音上げています。

実行して、音のちがいをたしかめましょう。

```
10 PLAY "O4 C D E F G
A+ B O5 C1"
```

半音下げる音のうしろには－をつけます（音楽の楽譜では♭という記号を使います）。右の図では、G（ソ）に－をつけて半音下げています。

```
10 PLAY "O4 C D E F
G- A+ B O5 C1"
```

STEP5 休み（休符）をいれよう

音を鳴らさない休み（休符）はRでいれます。休みは英語でRESTといいます。その最初の文字のRです。休みの長さも音符と同じように数字で変えられます。

右のプログラムでは、F（ファ）のうしろに、全休符のR1をいれています。入力して実行してみましょう。

```
10 PLAY "O4 C D E F
R1 G- A+ B O5 C1"
```

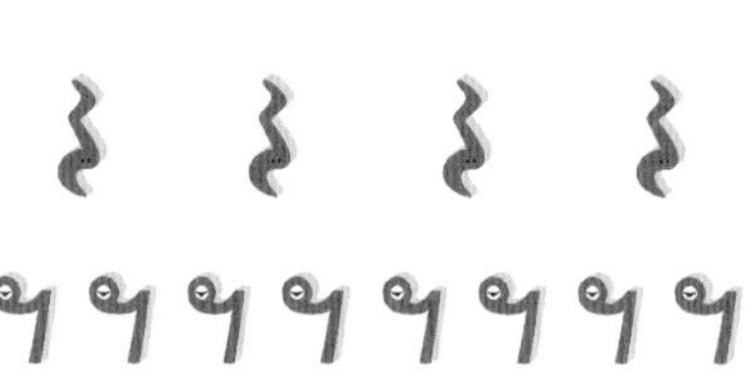

R1　全休符

R2　二分休符

R　四分休符

R8　八分休符

下の休符になるほど、休む長さが短くなります。十六分休符はRのうしろに16をつけます。

全体のはやさを変えてみよう

PLAY(プレイ)で演奏(えんそう)するはやさは、T(ティー)に数字をつけると変えられます。なにもつけなければ、テンポ120になります。

曲を演奏させてみよう

下の楽譜を見て、曲を演奏させましょう。

Summm, Summm, Summm

ボヘミア民謡

```
10 PLAY "T80 O4 G F E R D8 E8 F8 D8 C R E8
F8 G8 E8 D8 E8 F8 D8 E8 F8 G8 E8 D8 E8 F8 D8
G F E R D8 E8 F8 D8 C R"
```

なんの曲か分かりましたか。① 長いプログラムでは、入力まちがいをしてしまうことがよくあります。特に、数字の0(ゼロ)と文字のO(オー)はまちがいやすいので気をつけましょう。

できあがったら、Tの数字や、O4の数字を変えてみましょう。

① 「ぶんぶんぶん」のメロディーです。ドイツでは「Summ,Summ,Summ」という名前で親しまれています。

23

音で遊ぼう

TRY!

曲を作って演奏(えんそう)させます

ド、レ、ミ、ソの 4 つの音で、かんたんな曲を作りましょう。4 つの音は、記号では C（ド）、D（レ）、E（ミ）、G（ソ）、です。

TRY!

やってみよう！

① 10 行で、CCDC と 4 つの音をならべて PLAY(プレイ) で音を出しましょう。

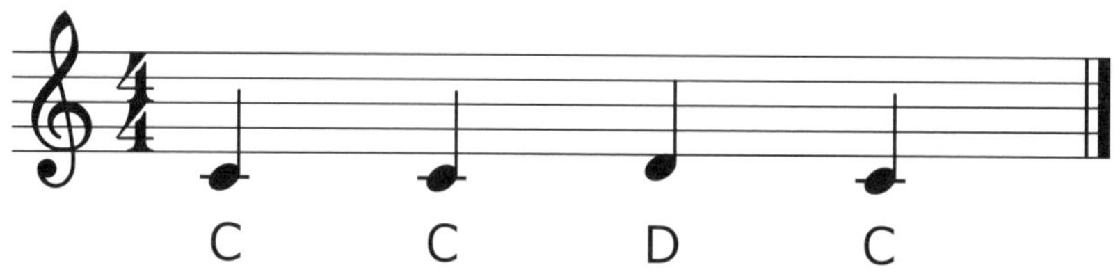

② 4 つの音の高さを、O5(オー) にしましょう。

③ はやく演奏(えんそう)させます。テンポを 400 に変(か)えましょう。

♩= 400

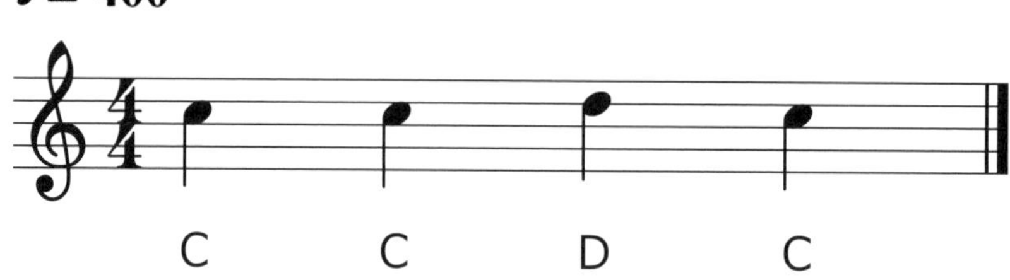

④ それぞれの音の長さを半分にして、間に休符をいれましょう。

♩= 400

C8 R8 C8 R8 D8 R8 C8 R8

⑤ EEGE と 4 つの音をならべ、間に休符をいれて、20 行を作りましょう。20 行の音の高さは O4 にしましょう。20 行は、10 行を改造して作ってみましょう。

♩= 400

C8 R8 C8 R8 D8 R8 C8 R8 E8 R8 E8 R8 G8 R8 E8 R8

⑥ 10 行と 20 行をくり返し演奏させましょう。

♩= 400

⑦ LED を点滅させながら音を出しましょう。

TRY!

答え

① PLAY で音を出します。CCDC を“　”のなかに入力します。

```
10 PLAY "C C D C"
```

② O を使って全体の音の高さを決めます。O はアルファベットです。数字の 0 とまちがえないように気をつけましょう。入力したら、わすれずに ENTER をおします。

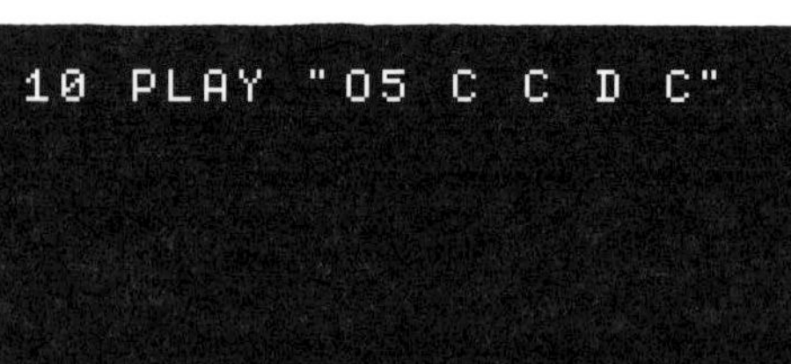

③ T ではやさを変えます。400 にしてみましょう。

```
10 PLAY "T400 O5 C C
D C"
```

④ 数字をつけていない音は四分音符の長さになっています。半分の音の長さにするには、音のうしろに「8」をつけます。音の間に、八分休符の R8 を入力します。

```
10 PLAY "T400 O5 C8
R8 C8 R8 D8 R8 C8 R8"
```

⑤ 10行を改造して20行を追加します。10行の行番号を20にして、CとDをEとGに変えて、ENTERをおしましょう。音を鳴らすプログラムが2行以上になるとうまく動かないので、WAITをつけましょう。WAIT 40がちょうどよい長さです。LIST①で確認しましょう。

```
10 PLAY "T400 O5 C8 R8 C8 R8 D8 R8 C8 R8":
WAIT 40
20 PLAY "T400 O4 E8 R8 E8 R8 G8 R8 E8 R8":
WAIT 40
```

⑥ 30行のGOTOで10行からくり返されるようにします。

```
30 GOTO 10
```

LISTでプログラム全体を画面に表示しましょう。

```
10 PLAY "T400 O5 C8 R8 C8 R8 D8 R8 C8 R8":
WAIT 40
20 PLAY "T400 O4 E8 R8 E8 R8 G8 R8 E8 R8":
WAIT 40
30 GOTO 10
```

⑦ 10行と20行にLEDをつけてLEDを点滅させます。
数字や音を変えて、いろいろな曲を作ってみましょう。

```
10 PLAY "T400 O5 C8 R8 C8 R8 D8 R8 C8 R8":
WAIT 40:LED 1
20 PLAY "T400 O4 E8 R8 E8 R8 G8 R8 E8 R8":
WAIT 40:LED 0
30 GOTO 10
```

① F4をおすか、LISTと入力してENTERをおします。

24

反応速度ゲームを作ろう

TRY!

LEDが光ったときをねらってボタンをおすゲームを作ります

LEDが光っているわずかな時間にボタンをおすゲームを作ります。

STEP1 LEDを点滅させよう

10行・20行・30行

```
10 CLS
20 LED 0:WAIT RND(180)+30
30 LED 1:WAIT 15
```

プログラムを実行したら、10行のCLSで画面の表示が消えるようにします。20行のLED 0とWAIT RND（180）+ 30①で、ランダムな時間LEDが消えたままになります。30行でLEDが光ります。

STEP2 ボタンでゲームクリアさせよう

40行・50行

```
10 CLS
20 LED 0:WAIT RND(180)+30
30 LED 1:WAIT 15
40 IF BTN()=1:WAIT 600
50 GOTO 10
```

30行でLEDが光ってから、40行でボタンの判断をするわずかな時間にボタンをおせば、ゲームクリアです。WAIT 600で10秒待って、またゲームが再開します。ボタンをおさなければ、50行で10行にもどります。ここで実行してみましょう。

① RND（180）で0から179までのどれかの数が返ってきます。それに30を足すと、30から209までのどれかの数になります。これは時間だと、約0.5秒から約3.5秒の間です。

音が出るようにしよう

40行

```
10 CLS
20 LED 0:WAIT RND(180)+30
30 LED 1:WAIT 15
40 IF BTN()=1 BEEP:WAIT 600
50 GOTO 10
```

40行を改造します。50行に進んでくり返しになる前にボタンをおせたら、BEEPで音を出して、ゲームクリアで10秒そのまま待つようにします。

メッセージが表示されるようにしよう

40行・50行

```
40 IF BTN()=1 BEEP:? "GAME CLEAR":WAIT 600
50 ? "NEXT":WAIT 90:GOTO 10
```

40行のWAITの前に「GAME CLEAR」を画面に表示させます。50行では、ゲームがつづくので、「次」という意味の「NEXT」を画面に表示させてからくり返させます。

ボタンがおされていなければ、10行へもどってくり返しです。

自由に改造してみよう

WAITやRNDの数を自由に変えて、遊んでみましょう。

ほかにも、ゲームがはじまる前に音楽を出したり、失敗したときと成功したときで別の音を出したり、音を出しながらLEDを点滅させたり…と、いろいろな改造をしてみましょう。

QUESTION

ふりかえり問題

1 次の文字列を入力して、ENTERをおしたときにSyntax errorが表示されないものに○を、Syntax errorが表示されるものに×を書きましょう。

(　　) APPLE
(　　) 103
(　　) SMALL LEMON
(　　) WAIT 60
(　　) LED 1
(　　) ICHIGOJAM

2 それぞれのファンクションキーの機能のコマンドを書きましょう。

F1 (　　　　　　) ：画面の表示を消す
F4 (　　　　　　) ：プログラム全体を表示する
F5 (　　　　　　) ：プログラムを実行する

3 Syntax errorが画面に表示されたときの対応として正しいものには○を、まちがっているものには×を書きましょう。

(　　) 必ずNEWを実行して最初から書き直す。
(　　) Syntax errorが表示されている行のなかからエラーをさがす。
(　　) プログラムを直したらおぼえてくれるのでENTERはおさない。
(　　) 数字の0とアルファベットのOなど、似た形の文字や数字は直さなくてもよい。
(　　) 画面の表示が多くて見づらいときにはF1で表示を消す。F1で表示が消えても、プログラムはおぼえたままなので、F4で表示できる。

④ それぞれ「待て」をさせたい秒数です。WAIT（ウェイト）につける数を書きましょう。

0.5 秒 ⟹ WAIT（　　　　）

1 秒 ⟹ WAIT（　　　　）

2 秒 ⟹ WAIT（　　　　）

3 秒 ⟹ WAIT（　　　　）

10 秒 ⟹ WAIT（　　　　）

⑤ プログラムを実行したときに、なにも表示されていない画面にするためには、最初の行をどのコマンドにしたらよいか書きましょう。

```
10
```

答え

⑥ 次のおみくじのプログラムを動かすために、RND（ランダム）の（　）のなかに入る正しい数字を書きましょう。

```
5 CLS
10 ? RND( )
20 WAIT 180
30 ? "0 DAI-KICHI"
40 ? "1 KICHI"
50 ? "2 CHU-KICHI"
60 ? "3 SHO-KICHI"
70 ? "4 SUE-KICHI"
80 ? "5 KYO"
```

答え

QUESTION

ふりかえり問題

7 プログラムを実行したら「HELLO WORLD」と画面に表示されるものに○を、表示されないものに × を書きましょう。

```
(   ) PRINT HELLO WORLD
(   ) PRINT "HELLO WORLD"
(   ) ? HELLO WORLD
(   ) ? "HELLO WORLD"
```

8 白いわくにコマンドを書きいれて、数字が 1/3 秒ごとに 123 とくり返されるプログラムを完成させましょう。

```
10 CLS
20 ? 1:        20
30 ? 2:        20
40 ? 3:        20
50          10
```

9 それぞれのプログラムのおぼえさせ方とその結果をむすびつけましょう。

行番号の数字をつける	・	・	IchigoJam のファイルに保存されて、電源を切ってものこっている
SAVE で保存する	・	・	画面の表示を消しても、NEW でわすれさせるまでおぼえている
行番号をつけずにプログラムを作る	・	・	画面の表示を消したら消える

⑩ ボタンをおすとLED(エルイーディー)の点滅(てんめつ)がはやくなるよう、白いわくに記号をいれましょう。

```
10 LED 1:WAIT 20
20 LED 0:WAIT 20  BTN()*10
30 GOTO 10
```

⑪ GOTO(ゴートゥー)のあとに行番号を書きいれて、ボタンをおすとLEDをつけたり消したりできるプログラムを完成させましょう。

```
10 IF BTN()=0 GOTO
20 LED 1:WAIT 120
30 IF BTN()=0 GOTO
40 LED 0:WAIT 120
50 GOTO
```

ANSWER

答え

①

(×) APPLE
(○) 103
(×) SMALL LEMON
(○) WAIT 60
(○) LED 1
(×) ICHIGOJAM

解説 コマンドや数字ではない言葉を入力すると、IchigoJam（イチゴジャム）はSyntax error（シンタックスエラー）を表示（ひょうじ）します。このなかでコマンドなのは、WAIT（ウェイト）とLED（エルイーディー）、数字は103で、そのほかはエラーが出てしまいます。

②

F1 (CLS) ：画面の表示（ひょうじ）を消す
F4 (LIST) ：プログラム全体を表示する
F5 (RUN) ：プログラムを実行する

解説 CLS（クリアスクリーン）や、LIST（リスト）、RUN（ラン）などの、よく使うコマンドは、ファンクションキーをおぼえておくと便利（べんり）です。

③

(×) 必（かなら）ずNEW（ニュー）を実行して最初（さいしょ）から書き直す。
(○) Syntax errorが表示されている行のなかからエラーをさがす。
(×) プログラムを直したらおぼえてくれるのでENTER（エンター）はおさない。
(×) 数字の0（ゼロ）とアルファベットのO（オー）など、似（に）た形の文字や数字は直さなくてもよい。
(○) 画面の表示が多くて見づらいときにはF1（エフ）で表示を消す。F1で表示が消えても、プログラムはおぼえたままなので、F4で表示できる。

解説 短いプログラムならば、NEWを実行して、最初から新たに書き直してもいいかもしれませんが、長いプログラムになると、まちがっているところをさがして直すほうが、はやく直すことができます。

④

0.5秒	→	WAIT（ 30 ）
1秒	→	WAIT（ 60 ）
2秒	→	WAIT（ 120 ）
3秒	→	WAIT（ 180 ）
10秒	→	WAIT（ 600 ）

解説 IchigoJam（イチゴジャム）の1秒は60です。1秒よりも長い時間なら、60より大きくて、1秒よりも短い時間なら、60より小さくなります。

⑤

```
10 CLS
```

答え CLS

解説 テキストを表示するプログラムを作る場合は、まずCLSからはじめると、画面がまっさらな状態（じょうたい）ではじまります。

⑥

```
5 CLS
10 ? RND(6)
20 WAIT 180
30 ? "0 DAI-KICHI"
40 ? "1 KICHI"
50 ? "2 CHU-KICHI"
60 ? "3 SHO-KICHI"
70 ? "4 SUE-KICHI"
80 ? "5 KYO"
```

答え 6

解説 RND（ランダム）の（ ）には、0から数えて何個（こ）めまでの数を表示したいか、数字を入力します。RND(6)だと、0から数えて6個目の数、つまり0から5までのどれかを返してきます。RND(5)にしてしまうと、0から数えて5個目の数、つまり0から4までのどれか1つを表示することになり、5の凶（きょう）が出なくなってしまいます。

A 答え

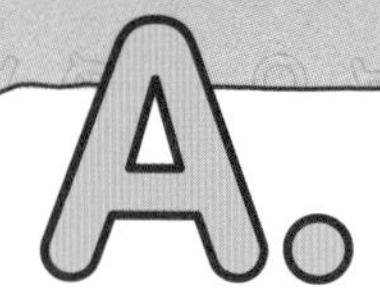

ANSWER

答え

⑦

```
( × ) PRINT HELLO WORLD
( ○ ) PRINT "HELLO WORLD"
( × ) ? HELLO WORLD
( ○ ) ? "HELLO WORLD"
```

解説 「HELLO WORLD」という文字列を表示するためには、“　”のなかに入力する必要があります。?は、PRINTの省略形で、?のうしろのものを画面に表示させます。

⑧

```
10 CLS
20 ? 1:WAIT 20
30 ? 2:WAIT 20
40 ? 3:WAIT 20
50 GOTO 10
```

解説 WAITで、それぞれの数字が表示されてから少しだけ待つようにします。GOTOで、10行にもどすと、CLSで先に表示された数字が消えます。もし20行にもどすと、先に表示された数字がのこります。

⑨

行番号の数字をつける — IchigoJamのファイルに保存されて、電源を切ってものこっている

SAVEで保存する — 画面の表示を消しても、NEWでわすれさせるまでおぼえている

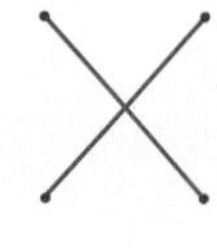

行番号をつけずにプログラムを作る — 画面の表示を消したら消える

解説 SAVE 0からSAVE 3までで、4つのプログラムを保存することができます。SAVEでおぼえさせたプログラムは、電源を切ってもファイルに保存されてのこります。

⑩

```
10 LED 1:WAIT 20
20 LED 0:WAIT 20-BTN()*10
30 GOTO 10
```

（解説）点滅をはやくするためには、LED がついてから、消えるまでの時間を短くする必要があります。ボタンがおされていれば、BTN で 1 が返ってきます。WAIT 20 の数字が小さくなるように、BTN が返す 1 を 10 倍して引きます。

⑪

```
10 IF BTN()=0 GOTO 10
20 LED 1:WAIT 120
30 IF BTN()=0 GOTO 30
40 LED 0:WAIT 120
50 GOTO 10
```

（解説）ボタンがおされていないときには、BTN は 0 を返してきます。10 行で、「BTN が 0 ならば、10 行に進む」とすれば、ボタンがおされないかぎり、次の行には進みません。もしボタンがおされたら、BTN は 1 を返してきます。すると、1 ≠ 0 で、次の 20 行に進みます。30 行も同じ考え方です。

コマンド一覧

コマンド		使い方	
LED	エルイーディー	「LED 1」で LED をつけ、「LED 0」で LED を消す。	P.22
CLS	クリアスクリーン	画面をきれいにする。F1 でも実行できる。	P.26
WAIT	ウェイト	指定した時間、そのまま待たせる。「WAIT 60」のように、WAIT のうしろに数字をつけて使う。	P.28
RUN	ラン	プログラムを実行する。F5 でも実行できる。	P.32
LIST	リスト	プログラムを表示する。F4 でも実行できる。	P.33
NEW	ニュー	プログラムをわすれさせる。	P.34
GOTO	ゴートゥー	指定した行までプログラムを進めたり、もどしたりする。「GOTO 10」のように、GOTO のうしろに行番号をつけて使う。	P.36
PRINT	プリント	指定した文字列や数字を表示させる。“ ” でかこむと、かこんだ文字列をそのまま表示できる。数字は “ ” をつけなくても表示できる。省略形は、?。	P.44
RND	ランダム	不規則な数字を返させる。「RND(5)」のように、うしろに () をつけて、数字をいれる。「RND(5)」で、0 から数えて 5 個目までの数字、つまり 0 から 4 のなかから、不規則に数字が返ってくる。	P.48

こんなとき、どうする?

Q1. キーボードをおしても、IchigoJam が反応しません。

ANSWER プログラムが実行されつづけているのかもしれません。キーボードの左上にある、ESC をおしてみましょう。

Q2. プログラムを直したはずなのに、修正が反映されていません。

ANSWER プログラムを修正した後、行ごとに ENTER をおしましたか。1 行修正するごとに ENTER をおさないと、修正が反映されません。

Q3. エラーが出ますが、どこがまちがっているのか分かりません。

ANSWER 本のコードと照らし合わせて、1 行ずつ確認してみましょう。Syntax error in 20 と表示されていたら、20 行にエラーがあるということなので、20 行をよく見ましょう。直したら、行ごとに ENTER をおして、直したコードをおぼえさせましょう。

Q4. 今作っているプログラムとは別の、新しいプログラムを作りたいのですが。

ANSWER 行番号をつけたプログラムを書いていたら、NEW でプログラムをわすれさせて、CLS で画面をきれいにしてから、はじめるとよいでしょう。作ったプログラムを保存しておきたいときには SAVE コマンドを使います。(→ P.52)

COMMAND

SAVE	セーブ	IchigoJamのファイルにプログラムを保存させる。0から3までの4つの場所に保存することができる。「SAVE 1」のように、SAVEのうしろに、プログラムを保存させたい番号をつけて使う。	P.52
FILES	ファイルズ	IchigoJamのファイルに保存したプログラムをたしかめることができる。ファイルの0から3まで、どこにどのプログラムが保存されているかが分かる。	P.53
LOAD	ロード	IchigoJamのファイルに保存したプログラムをよび出すことができる。「LOAD 1」のように、LOADのうしろに、プログラムをよび出したい番号をつけて使う。	P.53
BTN	ボタン	ボタンがおされると1を返し、ボタンがおされていなければ0を返す。	P.58
IF	イフ	もし○○なら、XXするというように、条件をつけて、コンピューターに判断をさせる。「IF X=0 GOTO 10」（もしXが0なら、10行へ進む）のように使う。	P.66
BEEP	ビープ	ピッという短い音を出す。「BEEP 5」のように数字をつけて使うこともでき、数字が小さいほど、音は高くなる。	P.73
PLAY	プレイ	ドレミファソラシドと、音楽を鳴らすことができる。	P.76

Q5。ファンクションキーをおしても何も実行されません。

ANSWER お使いの機器によってはキーボードのファンクションキーが使えない場合があります。そのときにはコマンドを入力してください。

Q6。IchigoJam web上で、IMPORTで読みこんだプログラムが動きません。

ANSWER 全角になっている文字やスペースを半角にして、やり直してください。

Q7。プログラムは正しいはずなのに、うまく動きません。

ANSWER ご使用のバージョンによっては、うまく動かないときがあります。本書はIchigoJam 1.4.2で確認しています。ご使用機器のバージョンアップを希望される場合は、購入されたショップにご相談ください。

Q8。プログラムに問題はなさそうなのに、本の通りの動きをしないときがあります。

ANSWER どのようなプログラムにもエラーがあります。新しいエラーを発見したのかもしれません。複数の機器を組み合わせて使う場合には、機器の相性が合わずに正しく動かない場合があります。

NEXT CHALLENGE!!

つづけて挑戦（ちょうせん）してみてね!!

くもんのプログラミングワーク②

チャレンジ！ IchigoJam

２巻では、新しいコマンドをおぼえたり、コマンドの組み合わせをくふうしたりして、より複雑（ふくざつ）なプログラムを作ります。ランダムに登場する岩にぶつかったらゲームオーバーの川くだりゲームや、タイミングを合わせてボールを打つバッティングゲームなど、作って遊べるゲームがたくさんあります。ぜひ『くもんのプログラミングワーク② チャレンジ！ IchigoJam』にも、つづけて挑戦（ちょうせん）してみてください。

監修
IchigoJam 開発者
福野（ふくの） 泰介（たいすけ）

石川県出身、福井県在住。MSX BASIC を 8 歳で始め、プログミング歴は 33 年。2 つの起業を経て 2003 年に株式会社 jig.jp を創業。こどもパソコン IchigoJam の開発者で、こどもたちにプログラミングを伝える活動を精力的に行っている。福井県こどもプログラミング協議会実行委員長や、政府 CIO 任命オープンデータ伝道師などもつとめる。2020 年 3 月には、各都道府県の新型コロナウイルスの感染状況がひと目で分かる「COVID-19 Japan 新型コロナウイルス対策ダッシュボード」の開発をいち早く行い、注目を集めた。

創造日課ブログ「一日一創」 https://fukuno.jig.jp/
ツイッターアカウント @taisukef

くもんのプログラミングワーク①

はじめる！ IchigoJam

2020 年 10 月　初版第 1 刷発行

監修	福野泰介
イラスト	obak
アートディレクション	北田進吾
デザイン	北田進吾，畠中脩大（キタダデザイン）
本文制作	株式会社扇央社
発行人	志村直人
発行所	株式会社くもん出版 〒108-8617 東京都港区高輪 4-10-18 京急第 1 ビル 13F 代表　03-6836-0301 営業部　03-6836-0305 編集部　03-6836-0317 https://www.kumonshuppan.com
印刷	株式会社精興社

ISBN　978-4-7743-3146-1

CD 59900